应用型本科（农林类）"十二五"规划教材

园 林 制 图

主　编　孙丽娟　马　静

副主编　钱　达　尹仕美

　　　　　王　欢　潘　良

上海交通大学出版社

内 容 提 要

本书主要介绍园林制图基础知识、投形的概念及正投形作图、轴测图、透视图、园林要素的表示方法，平面图、立面图、剖面图、园林设计图的类型。每章设有导读、思考与练习，为学习者提供了学习目标和方法。

本书图文并茂、通俗易懂，为应用型本科风景园林专业、环境艺术专业的教材，也可供风景园林设计、城市规划设计人员参考使用。

图书在版编目（CIP）数据

园林制图／孙丽娟，马静主编. —上海：上海交通大学出版社，2012（2018 重印）
应用型本科（农林类）"十二五"规划教材
ISBN 978-7-313-08558-0

Ⅰ. 园... Ⅱ. ①孙... ②马... Ⅲ. 园林设计 – 建筑制图 – 高等学校 – 教材 Ⅳ. TU986.2

中国版本图书馆 CIP 数据核字（2012）第 145371 号

园 林 制 图

孙丽娟 马 静 主编

上海交通大学 出版社出版发行

（上海市番禺路 951 号 邮政编码 200030）
电话:64071208 出版人:谈 毅
上海天地海设计印刷有限公司 印刷 全国新华书店经销
开本:787mm×1092mm 1/16 印张:12.75 字数:310 千字
2012 年 8 月第 1 版 2018 年 12 月第 3 次印刷
ISBN 978-7-313-08558-0/TU 定价:38.00 元

前　　言

园林制图是风景园林专业最基础的课程。作为风景园林专业的基础课,该课程的学习直接关系学生对本专业的理解和专业基本技能的掌握,乃至影响今后的学习与工作。应用型本科园林专业的特点是重视实践教学,通过实践来培养学生的实践能力和创新能力。在教学中,目前在各院校中使用的教材版本很多,但是适合应用型本科园林专业的教材很少,为此,我们根据国家对应用型本科园林专业教育的特点以及教育的各项要求编写了这本教材,使其符合应用型本科教育的教学要求,在具备一定理论的基础上更加注意其适用性和实用性。

本书介绍了园林制图的基础知识、园林设计要素的表示方法、园林设计图和园林施工图的类型及绘制方法等。本书旨在使学习者通过学习,能够掌握园林制图的基本知识,掌握园林制图的基本技能,为以后专业课的学习打下基础。

结合应用型本科教育的特点,本教材力求语言精练、图文并茂、深入浅出、通俗易懂,做到理论性与实用性并重。本教材可供园林专业和相关行业专业的教师、学生以及园林工作者学习和参考使用。

本教材全部由长期在一线从事园林教育及工作的教师和专业技术人员编写,孙丽娟、马静担任主编,钱达、尹仕美、王欢、潘良担任副主编。具体编写分工为:第1章由金陵科技学院王欢编写;第2章由苏州科技学院钱达编写;第3章由重庆文理学院马静编写;第4章由金陵科技学院孙丽娟编写;第5章由重庆文理学院马静编写;第6章由同济大学博士研究生尹仕美编写;第7章由金陵科技学院潘良、南京林业大学园林规划设计院冯佳编写。由于编者实践经验和理论水平有限,书中的错误和不足之处,恳请读者给予批评和指正。

在本书编写过程中,参阅了一些著作和教材,在此特向有关作者表示衷心的感谢。

编　者
2012 年 6 月

目　　录

1 园林制图基础知识

【本章导读】

园林制图是做好园林设计工作的基本语言,是每个从事园林设计的工作者必须掌握的基本技能。本章主要介绍了园林制图的工具及使用方法、制图的标准与规范、绘图步骤等,要求学习者遵照国家及行业有关标准,掌握正确、规范的操作方法,以保证制图的质量和效率,达到制图规范化的要求。

1.1 绘图工具及其使用

园林制图常用的绘图工具主要有绘图板与丁字尺、三角板、铅笔、针管笔、绘图仪等,见图1.1。

1.1.1 绘图板与丁字尺

绘图板是用来铺放和固定图纸的矩形木板,其规格有零号(1200mm×900mm)、壹号(900mm×600mm)和贰号(600mm×450mm)三种,制图时应根据图纸的大小选择相应的图板。普通图板由框架和面板组成,其短边为工作边,面板称为工作面。绘图时用图板作为垫板。图板要求表面光滑,平坦,用作导边的左侧边必须平直。图纸用胶带纸固定在图板上,最好在板上预先铺一张衬纸以保护图板,图纸固定在图板上的位置要适当。日常使用时应避免在图板面板上乱刻乱划、或在图板上加压重物或放在阳光下暴晒。

丁字尺与图板配合使用,见图1.2,主要用于画水平线和作三角板移动的导边。丁字尺由相互垂直的尺头和尺身构成。尺身要牢固地连接在尺头上,尺身的工作边必须保持其平直光滑。切勿用小刀靠住工作边裁纸,尺用完后尽量挂起来,防止尺身变形。用丁字尺画水平线时左手把住尺头,使它始终贴住图板左边,再从左向右画出水平线。画一组水平线时,要由上到下逐条画出。每画一线,左手都要向右按一下尺头,使其紧贴图板,见图1.3。画长线或画线段的位置接近尺尾时,要用左手按住尺身,以防止尺尾翘起和尺身摆动。但不能用丁字尺来画垂直线。

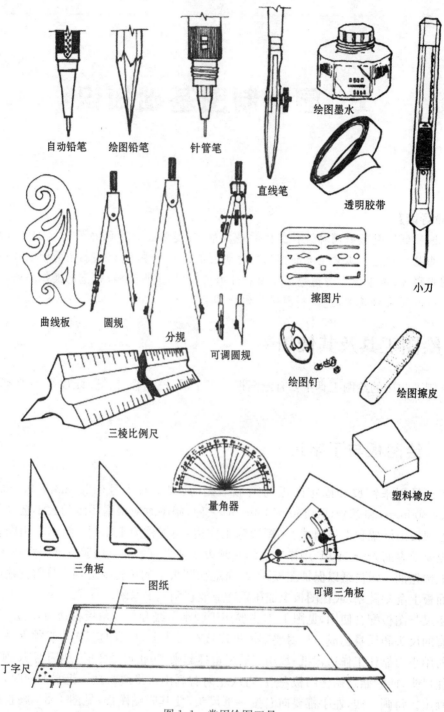

自动铅笔　　绘图铅笔　　针管笔　　直线笔　　绘图墨水

透明胶带　　小刀

曲线板　　圆规　　分规　　可调圆规　　擦图片

绘图钉　　绘图擦皮

三棱比例尺

量角器　　塑料橡皮

三角板　　可调三角板

图纸

丁字尺

图 1.1　常用绘图工具

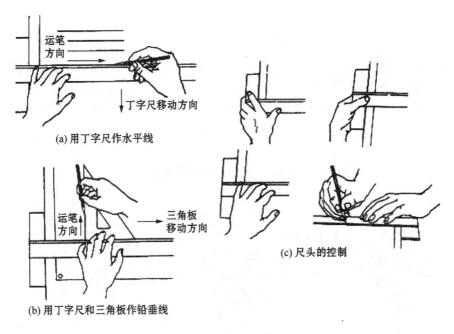

图 1.2　丁字尺的基本用法

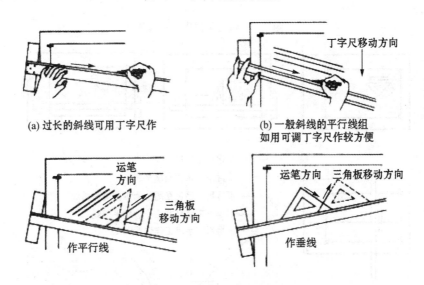

图 1.3　用丁字尺作一般直线

1.1.2　三角板

　　三角板一副共两块,分别具有 45°、30° 及 60°的直角三角形板。三角板与丁字尺配合使用,可绘制垂直线和一些常见角度的斜线,见图 1.4。一般的平行线组和垂线既可用三角板,也可与丁字尺配合绘制,见图 1.5。用丁字尺和三角板作图时应避免不正确的作图方法,这些不正确的方法见图 1.6。

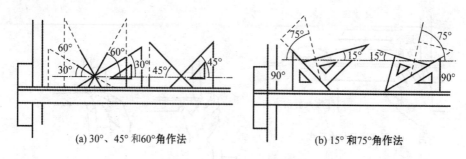

(a) 30°、45° 和60°角作法   (b) 15° 和75°角作法

图 1.4   常见角度的斜线画法

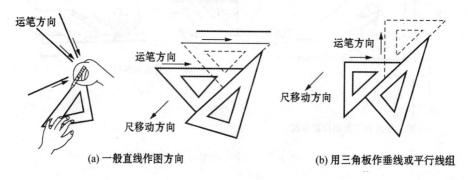

(a) 一般直线作图方向   (b) 用三角板作垂线或平行线组

图 1.5   用三角板作一般直线

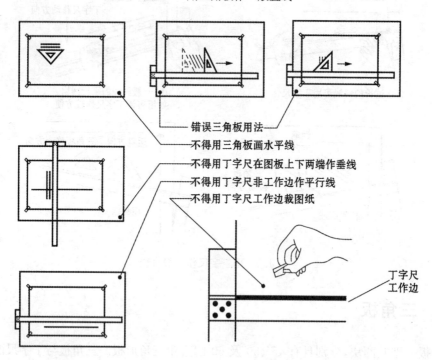

错误三角板用法
不得用三角板画水平线
不得用丁字尺在图板上下两端作垂线
不得用丁字尺非工作边作平行线
不得用丁字尺工作边裁图纸

丁字尺
工作边

图 1.6   丁字尺和三角板的错误用法

1.1.3 铅笔

绘图用铅笔根据铅芯的软硬程度,分别用 B 和 H 表示。一般用标号为 B 的铅笔前面数字越大,说明铅芯越软,主要用来画粗实线;标号 HB 的中性;标号为 H 的铅笔前面数字越大表示铅芯越硬,用来画细线用。铅笔的磨削及使用如图 1.7 所示。画图时用力要均匀,应保持线条粗细一致。画直线时,要使笔尖紧贴尺身的底边,顺着画线的方向铅笔倾斜约呈 60°角。也可用自动铅笔起稿线、画草图、作草图。铅芯的粗细有 0.5mm、0.7mm、0.9mm 等 3 种规格,硬度多为 HB。

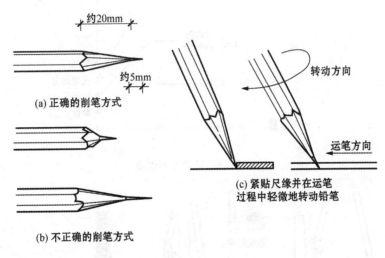

约20mm

约5mm

(a) 正确的削笔方式

(b) 不正确的削笔方式

转动方向

运笔方向

(c) 紧贴尺缘并在运笔过程中轻微地转动铅笔

图 1.7　铅笔的削法和作图

1.1.4 针管笔

针管笔因其笔尖是一支细针管而得名,是带有储水装置的上墨工具,适用于技术制图、描图、模板绘图、美术设计等,使用广泛。园林制图一般至少要备有粗、中、细三种不同管径的针管笔。市场上出售含有不同型号(0.1～1.2mm)的套装针管笔能满足不同要求制图工作的需要。

针管笔的笔头由针管、重针和连接件组成,见图 1.8。作图时,应将笔尖正对铅笔稿线,笔要略向运笔方向倾斜,并保持力度均匀,速度平衡,绘制粗线条时,起笔和收笔均不宜停顿。针管笔除用来绘制直线外,还可将其用圆规附件与圆规连接起来作圆或圆弧,也可用圆规附件配合模板作图,见图 1.9。使用针管笔要注意保养,要用专用绘图墨水,量不宜过多,一般为笔胆的 1/4～3/4。笔不用时应随时套上笔套,并定时清洗,防止墨水干结沉淀堵塞针眼。

近年来,市场上出现了一次性使用的针管笔,型号也较齐全,使用时可避免针管笔漏水、清洗等问题,给设计工作者提供了方便。

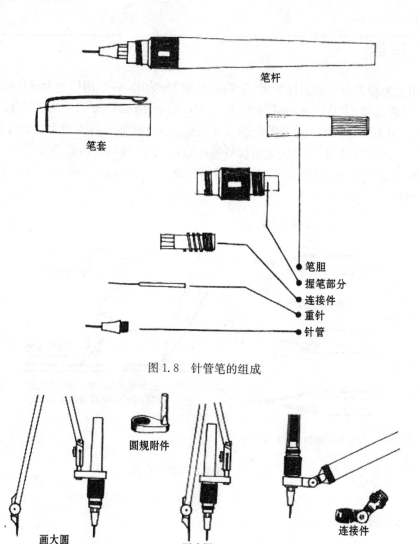

图 1.8　针管笔的组成

图 1.9　圆规附件和连接件的使用方法

1.1.5　绘图仪

绘图仪包括圆规及附件、分规、直线笔等,有时也可单件购买。

1.1.5.1　圆规

圆规是画圆或圆弧的工具。圆规有大圆规、弹簧圆规和小圆规 3 种,可根据不同需要选用,见图 1.10。用圆规作圆时应顺时针方向转动圆规,规身略向前倾斜。当圆半径过大时,可在圆规角上接上套杆作圆。画小圆时宜采用弹簧圆规或点圆规。当作同心圆或同心圆弧时,应保护圆心,先作小圆,以免圆心扩大影响准确度。圆规可作铅笔圆也可作墨线圆。作铅笔圆时,铅芯不要削成长锥状,而应该用细砂纸磨成单斜面状。圆规使用方法,见图1.11。

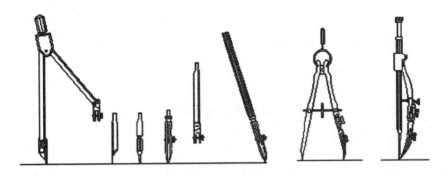

图 1.10 圆规及附件

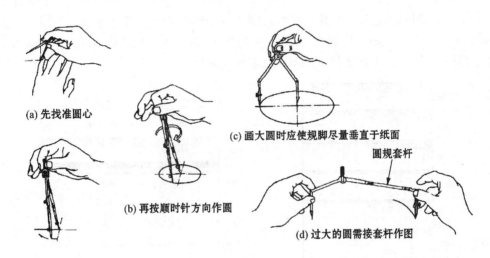

(a) 先找准圆心

(b) 再按顺时针方向作圆

(c) 画大圆时应使规脚尽量垂直于纸面

圆规套杆

(d) 过大的圆需接套杆作图

图 1.11 圆规的使用方法

1.1.5.2 分规

分规是用于量取尺寸、等分线段或圆弧的工具。使用分规时,两针脚要调整一致。

1.1.6 其他绘图工具

1.1.6.1 曲线板

曲线板是用于绘制曲率半径不同的曲线的工具。曲线绘制的方法和步骤如图1.12所示。

作图时,先徒手将曲线上的一系列点轻轻连成一条光滑曲线。然后从一端开始,找出曲线板上与该曲线吻合的一段,沿曲线板画出这段线。用同样方法逐段绘制,直至最后一段。需注意的是前后衔接的线段应有一小段重合,这样才能保证所绘曲线光滑。

曲线板也可用塑性材料和柔性金属芯条制成的柔性曲线条来代替。

图 1.12　曲线板的使用方法

1.1.6.2　比例尺

比例尺有三棱式和板式两种,三棱尺较常用,见图 1.13。三棱尺三个棱面刻有 6 种刻度,分别表示 1 : 100、1 : 200、1 : 300、1 : 400、1 : 500、1 : 600 等 6 种比例。比例尺上的数字以米为单位。绘图时先选定比例。例如要用 1 : 100 比例在图纸上画出实际长 3m 的线段,只要在 1 : 100 的尺面上找到 3cm,那么从刻度 0~3cm 的一段长度就是图纸上需要画的线段长。另外,一个尺面上的比例可以缩小或者放大来使用。

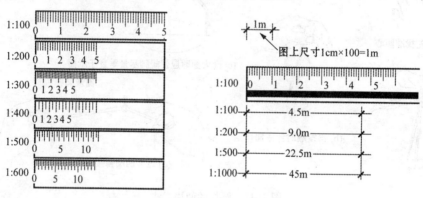

图 1.13　比例尺

1.1.6.3　橡皮和擦图片

橡皮应软硬适中,不会擦糙纸面,留下擦痕。使用橡皮时,顺手方向均匀用力推动橡皮,用最少次数将线条擦干净;不能反复擦,否则纸面容易被擦毛。擦图片用于擦除图纸上多余的图线,其用法是将擦图片的沟槽对准多余图线,然后用橡皮擦掉多余线,以保护有用的图线及纸面。

1.1.6.4　模板

模板是用来绘制各种标准图例和书写数字、字母、符号的辅助工具,见图 1.14,可以帮助我们方便地绘制各种规则式的平面几何图形,书写各种规范的数字及英文字母。根据模板的不同内容可分为几何模板和数字模板两大类。用模板作直线时笔可稍向运笔方向倾斜,作圆或椭圆时笔应该尽量与纸面垂直,且紧贴图形边缘。作墨线图时,为了避免墨水渗透模板弄脏图纸,可以用胶带将垫纸贴到模板下,使模板离开图面 0.5~1.0mm。

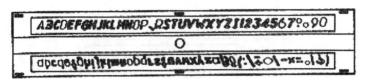

数字模板

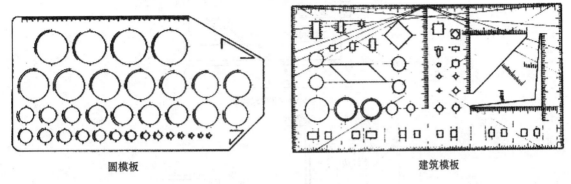

圆模板   建筑模板

图 1.14 模板

1.1.6.5 小刀、单面刀片和双面刀片

作线条的铅笔应用小刀削。图板上的图纸应用单面刀片裁。描图纸上画错的墨线或墨斑,应放平图纸,下垫三角板,用双面刀片轻轻刮除。

1.2 基本制图标准

1.2.1 图纸幅面和标题栏

1.2.1.1 图纸幅面

制图图纸有绘图纸和描图纸两种。绘图纸要求纸质坚实,上墨不会渗化,橡皮擦后不易起毛。描图纸也必须具备上述要求,并有较高的透明度,以利于图纸的描晒复制。

图纸的幅面是指图纸的尺寸大小。为了便于图样的装订、管理和交流,制图标准对图纸幅面的尺寸作了统一规定,绘制工程图样时应优先采用国际 A 系列幅面规格的图纸,如表 1.1 中规定的基本幅面。图框有两种:一是横式,装订边在左边;二是竖式,装订边在上侧,均应参照表 1.1 的规定,见图 1.15。

表 1.1 幅面及图框尺寸   单位/mm

幅面代号	A0	A1	A2	A3	A4
B×L	841×1189	594×841	420×594	297×420	210×297
c			10		5
a			25		

注:B—图纸宽度;L—图纸长度;c—非装订各边缘到相应图框线的距离;a—装订宽度,横式图纸左边缘、竖式图纸上侧边缘到图框线的距离。

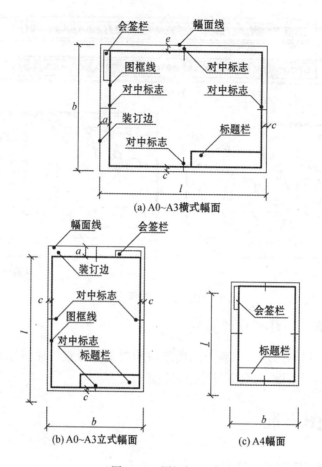

(a) A0~A3横式幅面

(b) A0~A3立式幅面　　　(c) A4幅面

图 1.15　图纸幅面

当图的长度超过图幅长度或内容较多时,图纸需要加长。图纸的加长量为原图纸长边的 1/8 的倍数。A0~A3 幅面的加长量应按 A0 幅面长边的八分之一的倍数增加;A1、A3 幅面的加长量应按 A0 幅面短边的四分之一的倍数增加。图纸长边加长后的尺寸见表 1.2。

表 1.2　幅面及图框尺寸

单位/ mm

幅面代号	长边尺寸 L	长边加长后尺寸							
A0	1189	1338	1487	1635	1784	1932	2081	2230	2387
A1	841	1051	1261	1472	1682	1892	2102		
A2	594	743	892	1041	1189	1338	1487	1635	1784
A3	420	631	841	1051	1261	1472	1682	1892	

1.2.1.2　标题栏和会签栏

标题栏置于图纸的右下角,用来简要地说明图纸的内容,见图 1.15。标题栏中一般包括设计单位名称工程项目名称、设计者、审核者、描图员、图名、比例、日期和图纸编号等内容。标题栏大小、格式、内容应符合 GBJ1-86 规范规定,长边 180mm,短边 40mm、30mm 或 50mm,用细实线绘制,见图 1.16。需会签的图纸应设会签栏,尺寸为 75 mm ×20 mm,栏内写会签人员所代表的专业、姓名和日期。在图纸中的位置如图 1.15 所示,用细实线绘制,见图 1.17。在绘制图框、标题栏和会签栏时还要考虑线条的宽度等级。线宽详见表 1.3。

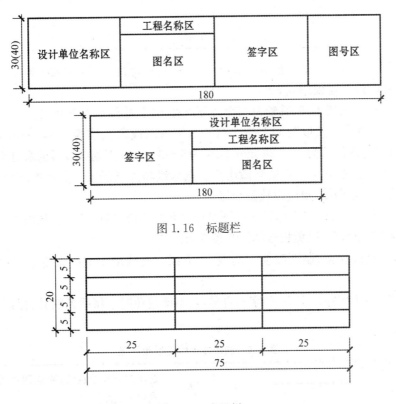

图 1.16　标题栏

图 1.17　会签栏

表 1.3　图框、标题栏和会签栏的线宽等级　　　　　　　　　　　　　　　　单位/mm

图幅	图框线	标题栏外框线	栏内分格线
A0、A1	1.4	0.7	0.35
A2、A3、A4	1.0	0.7	0.35

1.2.2　图线

图纸上所画的图形都是用各种不同图线组成的,制图中常用的线型有:实线、虚线、点划线和折断线,它们在线条图中有着不同作用和意义。图线的宽度 b,应从下列线宽系列中选取:0.18、0.25、0.35、0.5、0.7、1.0、1.4、2.0(单位均为 mm)等线宽。

绘图时,应根据图样的复杂程度与比例大小,先确定基本线宽 b,再根据表 1.4 选择适当的线宽组。在同张图纸内,相同比例的各图样应选用相同的线宽组。

表 1.4　线宽组　　　　　　　　　　　　　　　　　　单位 /mm

线宽比	线　宽　组					
b	2.0	1.4	1.0	0.7	0.5	0.35
$0.5b$	1.0	0.7	0.5	0.35	0.25	0.18
$0.35b$	0.7	0.5	0.35	0.25	0.18	

标题栏外框线及园石的线宽,建议用粗实线 b;园林建筑、小品、园路、水景的线宽,建议用 $0.5b$;园林植物的线宽建议用 $0.35b$。

绘制图线时,因线型不同,其绘制与交接要求亦不同,应注意以下几点:

(1) 虚线、点划线段长度与间距应各自相等。虚线线段长均为 $4\sim6$ mm,间距为 $0.5\sim1.5$ mm;点划线的线段长为 $10\sim20$ mm,间距为 $1\sim3$ mm。点划线线段的端点不应为点。

(2) 实线与实线相交于一点或略微出头。点划线与点划线或与其他图线应以线段相交;虚线与虚线或与其他图线,也应以线段交接。

(3) 两圆或圆弧相接,可先作长为两圆半径之和的线段,然后分别以该线端点为圆心作圆或圆弧,使相接部分吻合,以免相接部位线条变粗。

(4) 直线与曲线相接,制图时应先曲线,后直线。直线应沿曲线接点处切线方向与曲线相接。

(5) 所绘图线不应穿过文字、数字和符号,若不能避免时应将线条断开,保证文字、数字和符号的清晰。

表 1.5　制图线条的类型和等级

标准实线	————————	b	立面图的外轮廓线;平面图中被切到的墙身或柱子的图线
中实线	————————	$0.5b$	立图面各部分(门、窗、台阶、檐口)的轮廓线;平面、剖面图上的轮廓线
细实线	————————	$0.35b$	平面图、剖面图中的材料、图例线;引线;表格的分格线
粗实线	━━━━━━━━	$\geqslant b$	剖面图被剖切部分的轮廓线;图框线
折断线	——————∿——————	$0.35b$	图面上构件、墙身等的断开线
点划线	—·—·—·—·—·—	$0.35b$	中心线;定位轴线
虚线	- - - - - - - -	$0.35b$	被遮挡住的轮廓线

1.2.3　字体

图面上的各种字,如汉字、数字、字母,一般用黑墨水书写,要求做到字体端正、笔画清楚、排列整齐、间隔均匀。

1.2.3.1 长仿宋字

图中汉字宜采用长仿宋字,具有起落转折顿挫有力、笔锋外露、棱角分明、清秀美观、挺拔刚劲又清晰好认的特点。

1) 长仿宋字的规格

汉字的规格指汉字的大小,即字高。汉字的常用字号为:20、14、10、7.5、3.5、2.5(汉字字号不宜采用 2.5 号)。长仿宋字体的字宽为字高的 2/3,详见表 1.6。

单位/mm

表 1.6　长仿宋字规格及使用范围

字高(字号)	20	14	10	7	5	3.5	2.5
字宽	14	10	7	5	3.5	2.5	1.5
(1/4)h			2.5	1.8	1.3	0.9	0.6
(1/3)h			3.3	2.3	1.7	1.2	0.8
使用范围	标题或封面用字		各种图标题用字		(1) 详图数字和标题用字 (2) 标题下的比例数字 (3) 剖面代号 (4) 一般说明文字		
					(1) 表格名称 (2) 详图及附注标题	尺寸、标高及其他	

2) 书写长仿宋字的基本要领

书写长仿宋字的要领可归纳为:横平竖直、起落有锋、布局均匀、填满方格。

(1) 横平竖直 "横平"指字中横划一定要又平又直,特别是长横,它在字中左右项格起着均衡左右的作用,切不可稍带弯曲,但也不是非得写成水平,可顺运笔方向稍许上斜,这更增加字的美观,写时也很顺手。

"竖直"是指竖笔一定要写成铅直状,特别是长竖在字中起主导作用,更不能歪斜或带弧形。

(2) 起落有锋。"起"是指每笔画的开始,"落"是指每一笔画的结束。仿宋字体要求起笔、落笔呈三角形且棱角鲜明,从而使所写字顿挫有力。

(3) 布局均匀。布局均匀是指每个字中的笔画的整体布局要做到均匀紧凑、美观。为此要掌握汉字的各种结构,认真分析各个字的组成搭配关系和规律,初练写字先打好方格,再在方格中书写,这样有利于结构准确。

(4) 充满方格。充满方格指一个字上下、左右的主笔的笔锋要触及方格,但对一些字要考虑适当缩格,如口、日、目等。

1.2.3.2 老宋字

老宋体一般用于大标题的书写。其特点是字体方正,横平竖直,落笔和转折处轮廓鲜明,外形可作正方形、竖长方形、横长方形,见图 1.19。

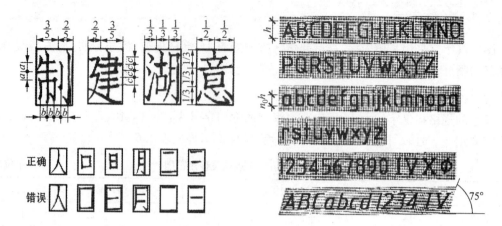

图 1.18　文字、字母、数字的书写

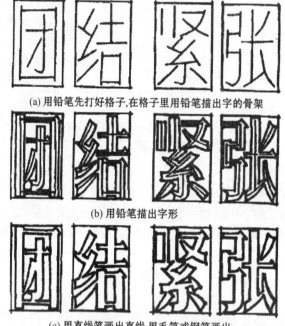

(a) 用铅笔先打好格子,在格子里用铅笔描出字的骨架

(b) 用铅笔描出字形

(c) 用直线笔画出直线,用毛笔或钢笔画出
曲线和点撇,然后用橡皮擦去铅笔线

图 1.19　老宋字的书写

1.2.3.3　数字和字母

数字和字母有斜体、正体两种,通常采用向右倾斜 75° 的斜体。汉字与数字或字母混写时,数字和字母的字高比汉字的字高宜小一号。数字与字母和规格见表 1.7 和图 1.18,笔画顺序见图 1.20。

表 1.7 字母和数字的书写规则

字母高	大写字母	h
	小写字母(上下均无延伸)	$0.7h$
小写字母向上或向下延伸		$0.3h$
笔画宽度		$0.1h$
间隔	字母间	$0.2h$ 或 $0.1h$
	上下行底线间最小间隔	$1.4h$
	文字间最小间隔	$0.6h$

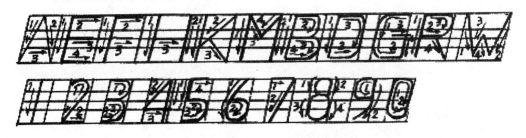

图 1.20 字母和数字的笔画顺序

1.2.4 比例

比例是指图形与实物对应线性尺寸之比,一般用阿拉伯数字来表示,如1:100、1:500等。绘图所用比例,应根据图样用途与被绘物体的复杂程度,按表1.8选用。

在风景园林设计中,各类图的常用比例范围是:总体规划设计图1:(1000~2000);总平面图1:(200~1000);种植设计图1:(100~500);建筑设计图1:(50~200);园林小品设计图1:(20~100);剖面与断面图1:(100~200)。

表 1.8 比例的选用

图类	常用比例	用比例
总平面图	1:500、1:1000、1:2000	1:2500、1:5000
平面、立面、剖面图	1:50、1:100、1:200	1:150、1:300
详图	1:1、1:2、1:5、1:10、1:20、1:50	1:25、1:30、1:40

1.2.5 尺寸标注

1.2.5.1 线段的标注

尺寸由尺寸线、尺寸界线、尺寸起止符号和尺寸数字四部分组成,见图1.20。尺寸线和尺寸界线采用细实线绘,线性尺寸的尺寸界线与被注线段垂直,一端被注与图线的距离应大于

2mm,另一端应超出尺寸线 2～3 mm;尺寸线应平行于被注图线;尺寸起止符号可用小圆点、空心圆圈和短斜线,其中短斜线最常用,其与尺寸线倾斜 45°角,为中实线,长 2～3 mm。线段的长度应该用数字标注。水平线的尺寸应标在尺寸线上方,铅垂线的尺寸应标在尺寸线左边,其角度的倾斜尺寸标注参考图 1.21。当尺寸界线靠得太近时,可将尺寸标注在界线外侧或用引线标注。图样上的尺寸单位,除标高及总平面图中可以 m 为单位外,均以 mm 为单位,图中不需注写计量单位的代号或名称。尺寸标注时应注意以下问题:

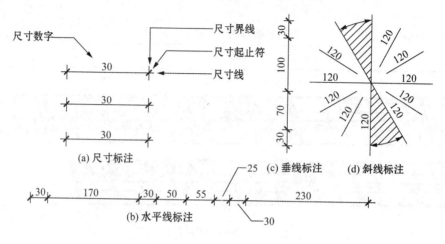

图 1.21　线段标注

（1）尺寸数字的读数方向,应按图 1.21(a)规定的方向注写,尽量避免在图中所增 30°范围内标注尺寸;无法避免时,宜按图 1.21(b)的形式注写。

（2）尺寸数字应写在尺寸线的上方(或外侧)中部,若尺寸较小,相邻尺寸数字可错开也可引出注写。

（3）尺寸数字与图线不得穿过尺寸数字;无法避免时,应将尺寸数字处的图线断开。

（4）相互平行的尺寸线,应从被注轮廓线由近向远整齐排列,小尺寸靠内侧,大尺寸靠外侧。轮廓线以外的尺寸线,距图样最外轮廓线之间的距离不宜小于 10 mm。平行尺寸线的间距宜为 7～10 mm,并保持一致,见图 1.22。

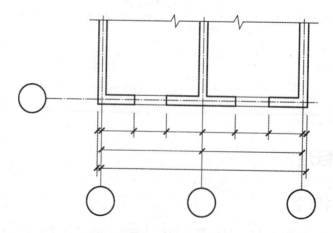

图 1.22　尺寸的标注

（5）同一张图纸的尺寸数字、字体大小一致。总尺寸的尺寸界线，应靠近所指部位，中间的分尺寸的界线可稍短，但其长度应相等。

1.2.5.2 圆(弧)、球和角度标注

圆或圆弧的尺寸常标注在内侧，尺寸数字前需加注半径符号 R 或直径符号 D、ϕ。过大的圆弧尺寸线可用折断线，过小的可用引线。标注球的直径或半径时，分别在尺寸数字前加符号"$S\phi$"、"SR"，注写方法同圆(弧)。圆弧及角度的标注，见图 1.23。

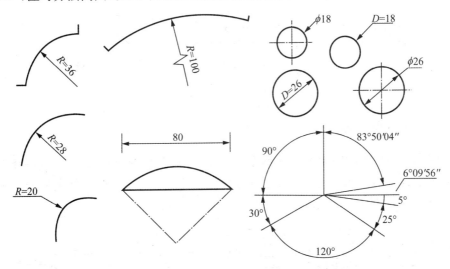

图 1.23 圆(弧)和角度尺寸标注

1.2.5.3 坡度标注

坡度常用百分数、比例或比值表示。坡向采用指下坡方向的箭头表示，坡度百分数或比例数字应标注在箭头的短线上。用比值标注坡度时，常用倒三角形标注符号，沿重边的数字常定为 1，水平边上标注比值数字，见图 1.24。

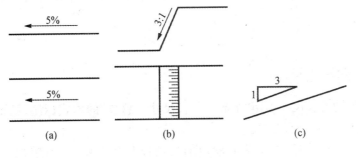

图 1.24 坡度标注

1.2.5.4 标高标注

标高符号用直角等腰三角形表示，其尖端应指至所标注高度的部位，尖端既可朝上，也可朝下。标高数字以 m 为单位，保留到小数点以后第三位。标高标注有两种形式：一是在个体

建筑图中,以首层的室内地平作为起算零点;二是以大地水准面或某水准点作为起算零点,一般用在地形图和总平面图中。总标高符号宜采用涂黑的三角形表示,见图1.25。

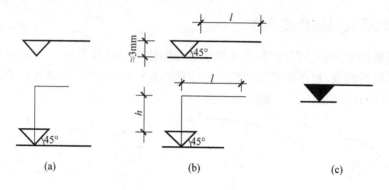

图1.25   标高标注

1.2.5.5   非圆曲线的标注

简单的不规到曲线可用截距法(又称坐标点)标注见图1.26(a)。选择一些特殊方向和位置的直线,然后用一系列与之垂直的等距平行线标注曲线。对于不规则复杂曲线可用网格法进行标注,见图1.26(b)。

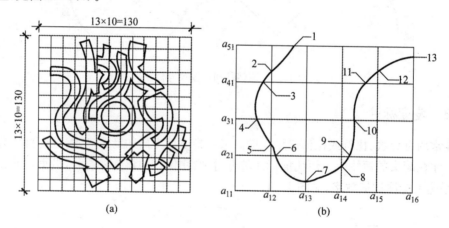

图1.26   曲线标注

1.2.5.6   尺寸的简化标注

(1) 连续排列的等长尺寸可用"个数×等长尺寸=总长"的形式标注,见图1.27。但对于不连续的相同尺寸,必须进行标注。

(2) 对于桁架结构、钢筋和管线等单线图,可把长度尺寸沿杆件或管线一侧直接注写,无需画尺寸线、尺寸界线。

(3) 对于均匀分布的相同要素,可仅标注其中一个要素的尺寸,注明个数,见图1.27。

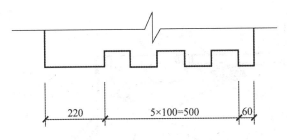

图 1.27 连续等长尺寸的简化标注

1.2.6 符号

1.2.6.1 索引符号与详图符号

在绘制施工图时,为了便于查阅需要详细标注和说明的内容,应标注索引。索引符号用细实线绘制的圆表示(直径为 10mm),在上半圆注明详图编号,下半圆注明详图所在图纸的编号,若详图与被索引图样在同一张图纸内,应在该符号内注明详图编号,否则应在符号上半圆中注明详图编号,在下半圆中注明被索引的图纸编号,见图 1.28。被索引的详图编号应与索引符号编号一致。详图编号常注写直径为 14mm 的粗实线的圆内,见图 1.29。

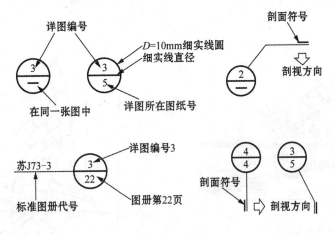

图 1.28 索引

1.2.6.2 定位轴线

建筑工程图中确定主要承重构件(墙、柱等)位置的轴线,称为定位轴线,它是施工定位、放线的重要依据。定位轴线用细点划线表示,并在其末端画一直径为 8~10mm 的细实线圆,圆心应在定位轴线的延长线上或延长线的折线上,并在圆内注明编号。水平方向编号采用阿拉伯数字从左至右顺序编写;竖向编号应用大写拉丁字母从下至上顺序编写。拉丁字母中的 I、O、Z 不得使用,避免与数字 1、0、2 混淆,见图 1.30。

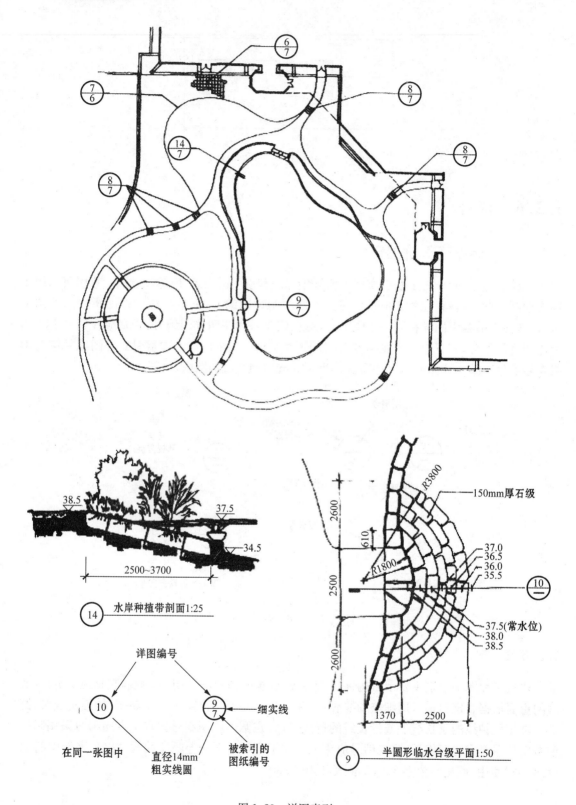

图 1.29　详图索引

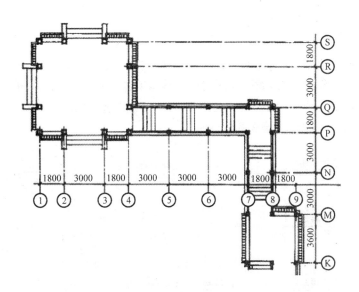

图 1.30　轴线标注

1.2.6.3　剖切符号

图 1.31 所示为一台阶的三视图。设想用一个侧平面沿着踏步将台阶剖开并移去剖切平面与观察者之间的部分，将剩下的部分向侧面作正投影，便得到了台阶的剖面图，简称剖面；如果只画剖切平面与台阶相交的部分所得到的图形，称为断面图（或截面图），简称断面。

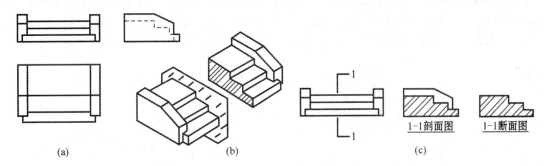

图 1.31　剖面图与断面图的形成

剖切符号分为用于剖面或断面两种。用于剖面的剖切符号由剖切位置线和剖视方向线组成，以粗实线绘制。剖切位置线的长度为 6～10mm；剖视方向线垂直于剖切位置线，长度为4～6mm。编号采用阿拉伯数字，按由左到右、由下至上的顺序连续编排，并写在剖视方向线的端部见图 1.32。断面剖切符号只用剖切位置线表示，见图 1.33。

图 1.32　剖面剖切符号　　　　　　　　　　图 1.33　断面剖切符号

1.2.6.4　引出线

引出线用细实线绘制,宜采用水平方向或与水平方向成 30°、45°、60°、90°的线,文字说明一般注写在水平线的端部或上方,索引详图的引出线应对准索引符号圆心,同时引出几个相同部分的引出线可互相平行或集中于一点,见图 1.34。多层构造的引出线应通过被引出的各层,同时文字说明的顺序与被说明层次的顺序一致。

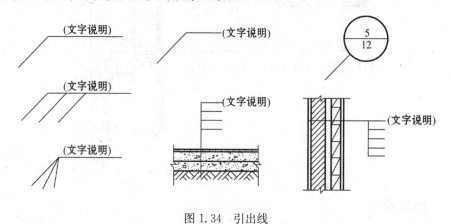

图 1.34　引出线

1.2.6.5　指北针和风玫瑰图

指北针在建筑平面和总平面图中,可明确表示建筑物的方位。指北针的形状画法很多,图 1.35 所示中为国家标准规定的式样。在总平面图中还应根据所在地区全年及夏季 6 月、7 月、8 月 3 个月的风向频率画出风向频率玫瑰图,见图 1.36,简称风玫瑰图,可说明常年主要风向。

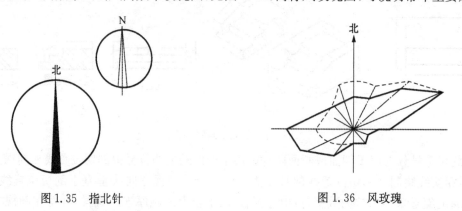

图 1.35　指北针　　　　　　　　　　　图 1.36　风玫瑰

1.3　制图的一般方法和步骤

为了保证制图的质量和提高绘图的效率,应熟悉和掌握各种制图工具的用法和线条的类型、等级、所代表的意义及线条的交接。工具线条应粗细均匀、光滑整洁、边缘挺括、交接清楚。作墨线工具线条时只考虑线条的等级变化;作铅线工具线条时除了考虑线条的等级变化外,还应考虑铅芯的浓淡,使图面线条对比分明。制图的方法和步骤包括以下内容:

1.3.1 绘图前的准备工作

（1）根据所绘图纸的内容，准备所需要的绘图工具和仪器，并注意清洁。

（2）根据所绘图纸的内容、大小和比例选定图纸的幅面。

（3）将图纸固定在图板上。画图框线，标题栏，合理安排设计图内容的布局。

1.3.2 画铅笔稿线

（1）选用较硬的铅笔（H～3H），画出的线条应极为轻细。

（2）画图框线，标题栏，合理安排图纸内容的布局。

（3）根据设计图的内容，确定画图的顺序。应先画轴线、中心线，再画主要轮廓线，而后画细部图线，最后写尺寸线、图例及文字标注等。

1.3.3 上墨

上墨的要求是线型正确、粗细分明、连接光滑、字体端正、图面整洁。画粗线条时，以稿线为中心线加粗完成。当稿线离得太近时，可将稿线作为边线向外侧作粗线。正确的上墨次序如下：

（1）先画细线，后画粗线。

（2）先画曲线，后画直线。

（3）同一等级的直线线条，水平线先上后下，垂直线先左后右。

（4）同类型墨线一次画完。

1.3.4 色彩渲染

色彩渲染又称为上色，表现力较强，可以较真实，细致地表现出各种园林组成要素的色彩和质感，常用于设计方案的表现图。色彩渲染主要是使用水彩和水粉颜料，也可使用彩色铅笔和麦克笔在绘图笔绘制基础上着色，此法简便易行，效果也不错。

1.4 钢笔徒手线条图的画法

徒手线条图是风景园林设计者必须具备的表现技巧。徒手画的用途广泛，在收集资料、探讨构思、推敲方案、记录参观、表现山水、植物、建筑等方面都会运用徒手作图。绘制徒手线条的工具很多，见图 1.37。用不同的工具所绘制的线条的特征和图面效果虽然有些差别，但都具有线条图的特点。

铅笔徒手画是用同一粗细（或略有粗细变化），同样深浅的铅笔线条加以叠加组合，来表现风景园林环境的构图轮廓、层次、光影变化及质感等。

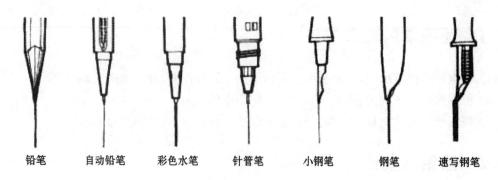

铅笔 自动铅笔 彩色水笔 针管笔 小钢笔 钢笔 速写钢笔

图 1.37 徒手绘图工具及绘图的线条

1.4.1 钢笔线条的技法要领

  钢笔徒手线条图可从大量线条的徒手练习开始,在练习中注意运笔速度、方向和支撑点以及用笔力量,见图 1.38。

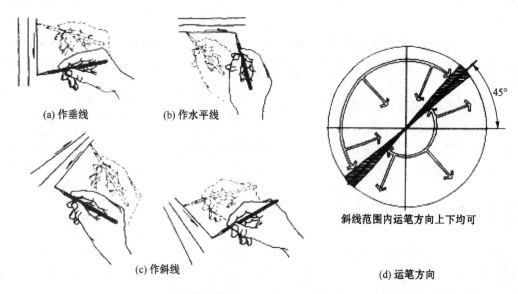

(a) 作垂线 (b) 作水平线

(c) 作斜线 (d) 运笔方向

图 1.38 徒手线条的基本画法和运笔

1.4.2 钢笔线条的组合

  各种线条的排列和组合产生不同的效果,在风景园林设计图中可用来表现植物、山水、建筑材料的不同质感,见图 1.39。

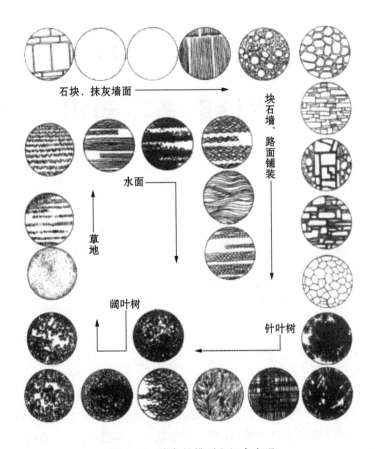

图 1.39 线条的排列和组合表现

思考与练习

1. 如何选购图板、丁字尺和三角板等工具？掌握这些工具的使用要点。

2. 简述图纸的幅面及图框尺寸。

3. 园林制图中常用的线条有哪些？如何使用？

4. 熟悉掌握尺寸标注和索引，并能正确应用。

5. 园林制图规范练习：

(1) 内容：用老宋字书写标题"制图规范"，用常用线型任意组合几个任意图形（徒手线条）。抄绘图 1.22 并标注尺寸（工具辅助）。

(2) 要求：A3 图幅，墨笔线图；自行排版，图面布局美观。

2 投形的基本知识

【本章导读】

投形是园林制图的基本原理。本章主要介绍投形的类型、正投形的特点及正投形作图的方法,通过介绍常见几何体的三面正投形图为复杂风景园林图的绘制奠定基础。

2.1 投形的概念

投形是园林制图的基本手段与方法。什么是"投形"呢? 我们知道,当光线照射物体时,会产生影子,如果我们将影子的产生过程进行科学抽象,即把光线抽象为投形线,影子落到的面抽象为投形面,于是当投形线穿过物体,在投形面上就会得到投形图;或者说,透过一透明平面看物体,将物体的形象在透明平面上描绘下来,这种方法就称为"投形"。

例如以人眼 E 为视点,透明平面 P 为画面(或投形面),从 E 点透过透明平面 P 到物体上一点 A,EA 为视线(或投形线),EA 和 P 面的交点 AP,即为物体上 A 点在 P 面上的投形。用这种方法可将物体上的点都投到投形面上,并在投形面上绘出物体的形象,见图 2.1。

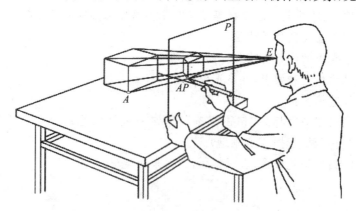

图 2.1 投形概念

投形按照投形线的平行与否,可分为中心投形和平行投形两类。

2.1.1　中心投形

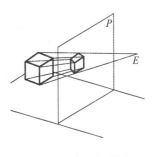

中心投形即投形线相交于一点的投形；或者说透过一透明平面看物体时，视线（或投形线）都集中在人眼 E 点上，见图2.2。因此，中心投形的原理和人眼成像的原理是一样，用中心投形法绘制出的图形具有立体感，能表现物体的直观形象，如同我们实物写生或是照相。用这种方法作出物体的透视图，能反映物体的实际效果，但不能在图上量出物体的实际尺寸，见图2.2。

图2.2　中心投形图

2.1.2　平行投形

平行投形即投形线相互平行的投形，或者说透过一透明平面看物体时，人眼 E 点距离物体无限远。

平行投形可分为斜平行投形和正投形。当平行的投形线与投形面相互倾斜时，即为斜平行投形，其图形是轴测图，它能表现物体的立体形象和实际尺寸，见图2.3；当平行的投形线垂直于投形面时，是正投形，见图2.4。用正投形画物体的平面图、立面图和剖面图等，它能表现物体某一面的真实形状和尺寸，是工程制图的主要原理。

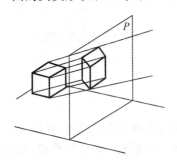

图2.3　斜平行投形图

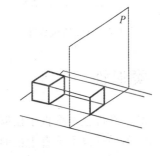

图2.4　正投形

2.2　正投形的基本特性

画在图纸上的物体投形，都是由许多面组成的。面与面相交出现交线，线与线相交出现交点。图绝大部分是由平面、直线和点组成的。下面简单介绍点、直线、平面正投形的基本规律，掌握了这些规律，对识图和绘图有很大帮助。

2.2.1　真实性

当直线平行于投形面时，其正投形就是直线，并且与原有直线平行等长，见图2.5。
当平面平行于投形面时，其正投形就是平面，并且与原有平面完全相同，见图2.6。

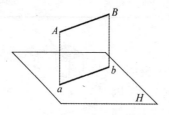

图 2.5　直线的真实性

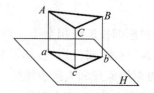

图 2.6　平面的真实性

2.2.2　积聚性

当直线垂直于投形面时,其正投形积聚为一点,见图 2.7。

当平面垂直于投形面时,其正投形积聚为一直线,见图 2.8。

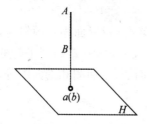

图 2.7　直线的积聚性

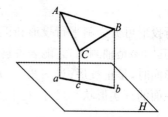

图 2.8　平面的积聚性

2.2.3　类似性

当直线既不平行也不垂直于投形面,其正投形为直线,并较原直线缩短,见图 2.9。

当平面既不平行也不垂直于投形面,其正投形为平面,但不能反映实际形状,是类似图形,见图 2.10。

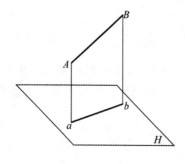

图 2.9　直线的类似性

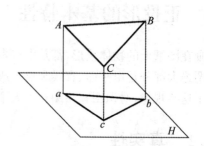

图 2.10　平面的类似性

2.3　正投形图

2.3.1　三面正投形图的形成

我们按照平行于投形面的直线、平面的正投形和原直线、平面完全相同的原理来选择投形面,以达到正投形图能表现形体的真实形状与尺寸的目的。由于一个投形不能全面地反映形体的形状和大小,因此需要选择 3 个相互垂直的平面作为投形面,见图 2.11。

首先选择一个水平面作为投形面 H,以便我们从上向下看,得到形体在 H 面上的投形,获得形体的长与宽;再选择一个与 H 面垂直的投形面 V(也有称为 F 面),以便我们从前向后看,得到形体在 V 面上的投形,获得形体的长与高;最后选择一个垂直于 V 面的垂直投形面 W(也有称为 S 面),以便我们从左向右看,得到形体在 W 面上的投形,获得形体的宽与高,见图 2.12。

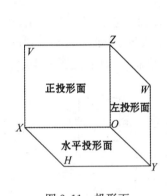

图 2.11　投形面

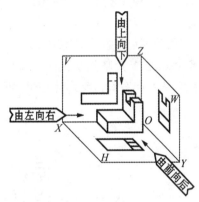

图 2.12　正投形

2.3.2　三投形面的展开

H、V、W 是三个相互垂直的平面,它们有 3 条相互垂直的交线,H 面与 V 面的交线称为 OX 轴,H 面与 W 面的交线称为 OY 轴,V 面与 W 面的交线称为 OZ 轴。保证 V 面不动,将 H 面向下绕 OX 轴旋转 $90°$,将 W 面向后绕 OZ 轴旋转 $90°$,使 H、V、W 三个投形面在同一绘图面上,OY 轴就被分为两条线 OY_h 和 OY_w,这就是我们通常说的三视图,见图 2.13。

2.3.3　三投形面的特点

在三面投形图中,X 轴方向为长度尺寸,Y 轴方向为宽度尺寸,Z 轴方向为高度尺寸。在三面投形(三视图)体系中,三个投形面展开后应该保证“长对正,宽相等,高平齐”的关系,见图 2.14。

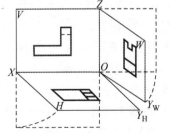

图 2.13　三投形面的展开

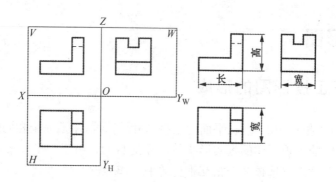

图 2.14　三投形面的特点

一般来说,画三面投形图,不需要画出投形面的边框线,也不必画投形轴,但对于初学者,可以把投形轴画出来,帮助自己理解和学习。

2.3.4　三投形面的作图方法

在三面投形(三视图)体系中,确定需要绘制的形体,并确定它在空间中的上、下、左、右、前、后 6 个方位,然后依据从上向下看得到形体在 H 面上的投形,从前向后看得到形体在 V 面上的投形、从左向右看得到形体在 W 面上的投形的方法来绘制三视图,见图 2.15。

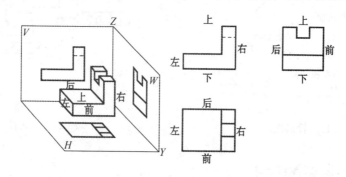

图 2.15　三视图的作图方法

另外,在绘制三面正投形图时,一般先绘制正面投形图或水平投形图,因为这两个面等长,且一般反映了物体形状的主要特征,然后再绘侧面投形图。熟练地掌握物体的三面正投形图的画法是绘制和识读工程图样的重要基础。以下内容是画三面正投形图的具体方法和步骤:

(1) 在图纸上先画出水平和垂直十字相交线,作为正投形图中的投形轴,见图 2.16(a)。

(2) 根据物体在三投形面体系中的放置位置,先画出能够反映物体特征的正面投形图或水平面图投形图,见图 2.16(b)。

(3) 根据"三等"关系,由"长对正"的投形规律,画出水平投形图或正面投形图;由"高平齐"的投形规律,把正面投形图中涉及高度的各相应部分用水平线拉向侧立投形面;由"宽相等"的投形规律,用过原点 O 作 45°斜线或以原点 O 为圆心作圆弧的方法,得到引线在侧立投形面上且与"等高"水平线的相交点,连接交联点而得到侧面投形图,见图 2.16(c)或图 2.16(d)。由于在制图时只要求各投形图之间的"长、宽、高"关系正确,因此图形与轴线之间的距离可以灵活安排。在实际工程图中,一般不画出投形轴,各投形图的位置也可以灵活安排,有时各投形图还可以不画在同一张图纸上。

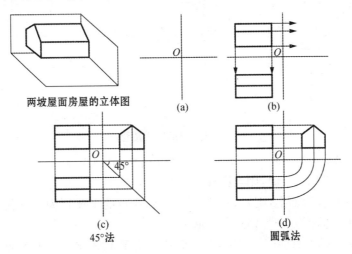

两坡屋面房屋的立体图

(a)　(b)

(c)
45°法

(d)
圆弧法

图 2.16　三视图的作图步骤

2.4　点、直线、平面的正投形

2.4.1　点的正投形规律

一般形体都由各种几何体组成,体是由面组成的,面与面相交为线,线与线相交为点。所以点在投形中是最基本的,即物体轮廓线的转折点。空间点的位置由 OX、OY、OZ 三个方向的距离表示。

已知空间一点 A 在投形面上的投形 A_1,即可知 A 点必在过 A_1 点的垂线上,见图 2.17。

已知 A 点的任意两个投形 A_1 和 A_2,则可以确定 A 点的空间位置。在三视图的展开图上,连接 A_1A_2,为一垂直于相应投形轴的直线,并和该轴相交于 A_z,见图 2.18。

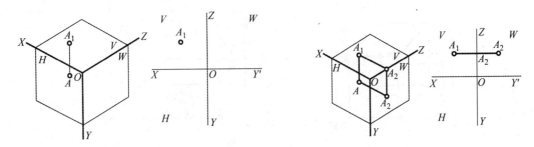

图 2.17　点的一个投形　　　　图 2.18　点的两个投形

已知 A 点的各投形,其到投形轴的距离反映了点到相应的相邻投形面的距离,见图 2.19。其中,$a'a'' \perp OX$;$a'a'' \perp OZ$;$aa'' \perp OY$。

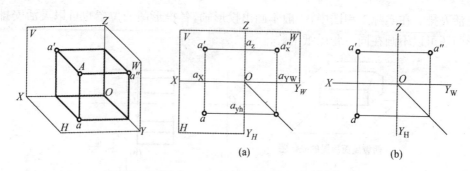

(a) (b)

图 2.19　点的三视图绘制

$a'a_z=aa_{yh}=Aa''=X$；$a'a_x=a''a_{yw}=Aa=Z$；$a''a_z=aa_x=Aa'=Y$。

当 A 点的某一坐标为 0 时，则点在投形面上。

例如，A 点在 V 投形面上，则 $a'a=Z$；$a''a'=X$；A 点的 Y 坐标为 0，见图 2.20。

当 A 点的两个坐标为 0 时，则点在投形轴上。

例如 A 点在 X 轴上，则 $a'a''=Z$；$aa''=X$；A 点的 Y 和 Z 坐标均为 0，见图 2.21。

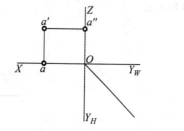

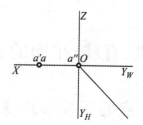

图 2.20　投形面上的点　　　　　　　图 2.21　投形轴上的点

空间有两点 A、B，确定其相对位置，即确定平行于 X、Y、Z 轴的左右、前后、上下的相对关系。其长度差：$\Delta X=X_A-X_B$；宽度差：$\Delta Y=Y_A-Y_B$；高度差：$\Delta Z=Z_A-Z_B$ 见图 2.22。

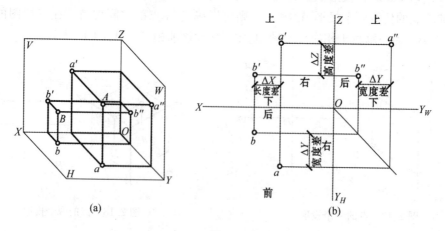

(a) (b)

图 2.22　空间两点的投形

当空间 A、B 两点位于某一投形面的同一投形线上时，它们在这个投形面上的投形互相重叠，该投形称为重影点。为区别重影点的可见性，不可见的点加括号表示，如 a (b) 则表示 b 不可见，见表2.1。

表 2.1　三视图上的重影点

H 面上的重影点	V 面上的重影点	W 面上的重影点
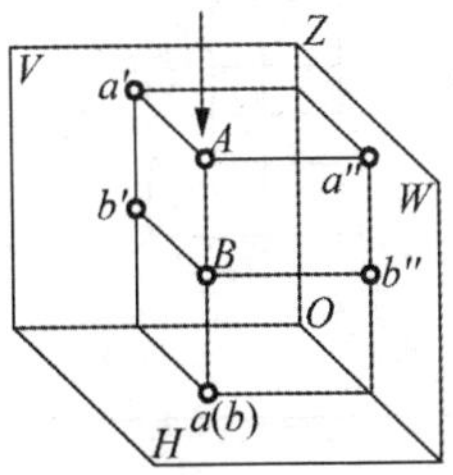	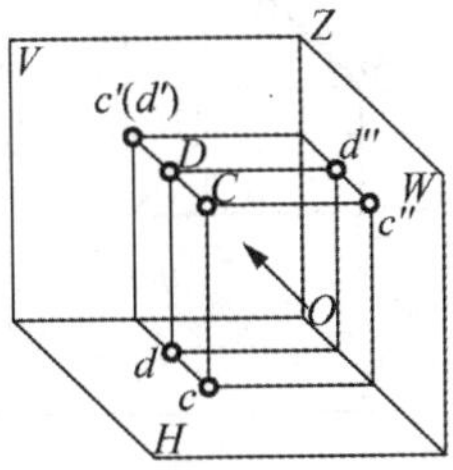	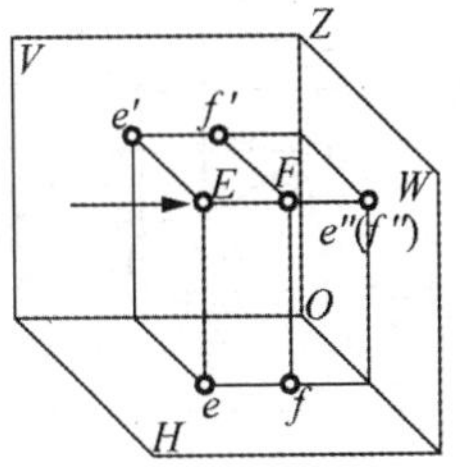
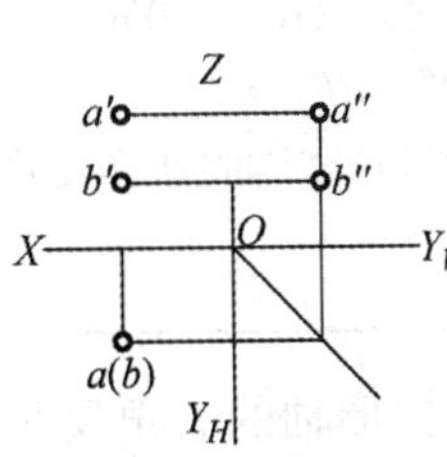	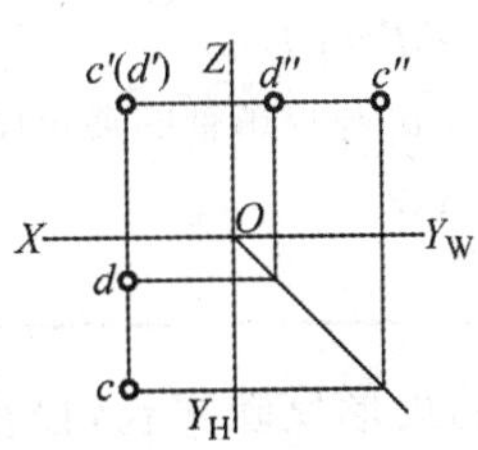	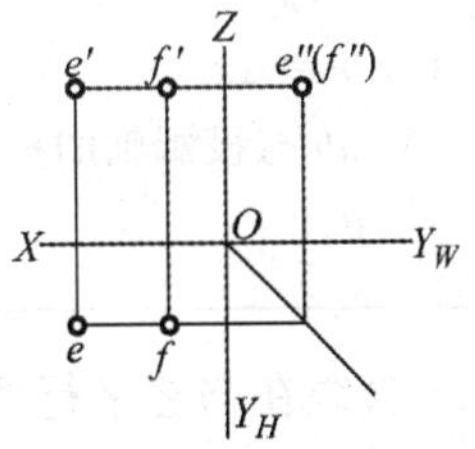

2.4.2　直线的正投形规律

2.4.2.1　一条直线的投形规律

依据直线与投形面的位置关系，直线可以分为一般位置直线和特殊位置直线，而后者又可以分为投形面平行线和投形面垂直线。

1) 投形线平行线

只平行于一个投形面，而倾斜于另两个投形面的直线，称为投形面平行线，见表2.2。其投形特性是：

表 2.2　投形面平行线的正投形规律

	水平线	正平线	侧平线
空间状况	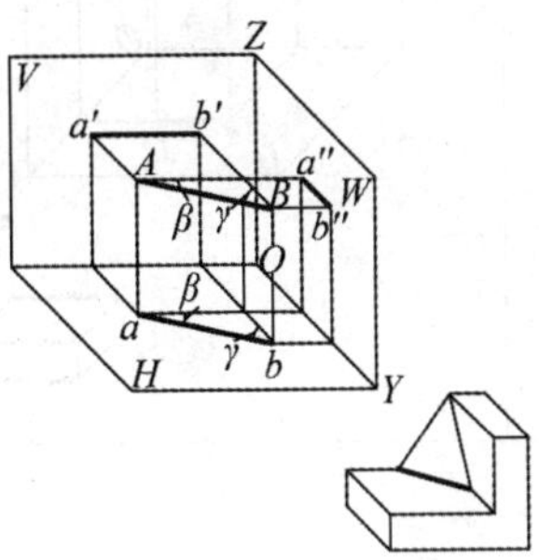	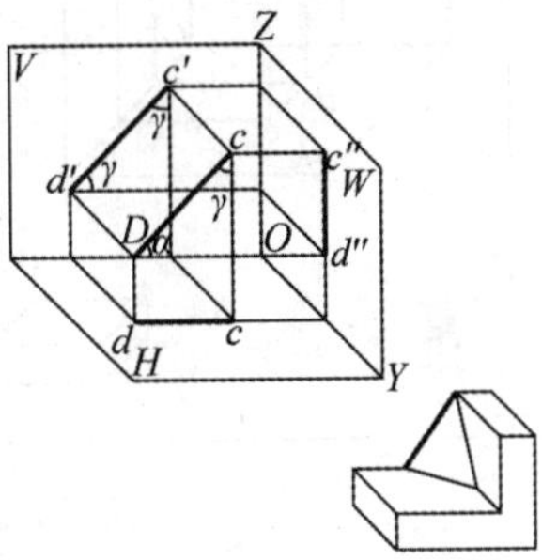	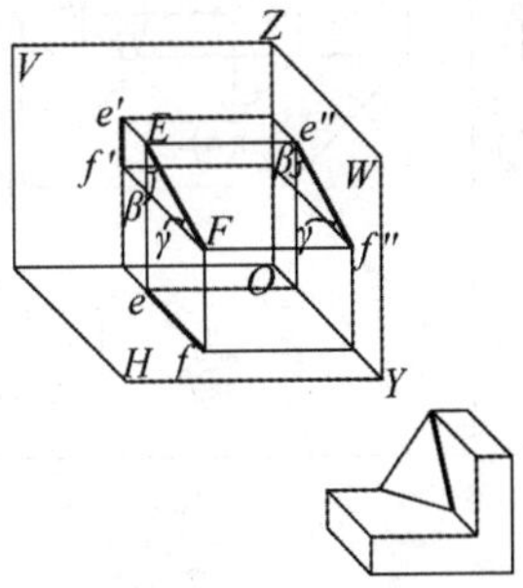

（续表）

	水平线	正平线	侧平线
投影图	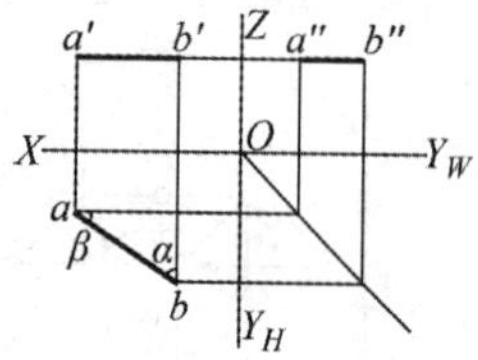	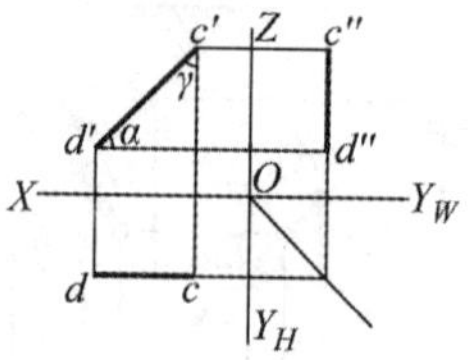	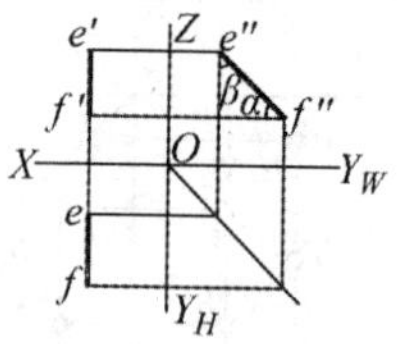
投影特性	(1) $a'b'//OX$；$a''b''//OY_W$ (2) $ab=AB$ (3) ab 与投影轴的夹角反映 β、γ	(1) $cd//OX$；$c''d''//OZ$ (2) $c'd'=CD$ (3) $c'd'$ 与投影轴的夹角反映 α、γ	(1) $e'f'//OZ$；$ef//OY_H$ (2) $e''f''=EF$ (3) $e''f''$ 与投影轴的夹角反映 α、β

（1）直线在与之平行的投形面上的投形反映实长,该投形于相应投形轴的夹角反映了直线与另两个投形面的实际倾角。

（2）直线在另两个投形面上的投形为垂直于该两个投形面相交轴的直线,并小于实长。

2）投形线垂直线

平行于投形轴的直线,即垂直于一个投形面,而与另两个投形面平行的直线,称为投形面垂直线,见表 2.3。其投形特性是:

（1）直线在与之平行的两个投形面上的投形反映实长,且投形平行于该两个投形面相交的投形轴。

（2）直线在与之垂直的投形面上投形积聚为一点。

表 2.3   投形面垂直线的正投形规律

	铅垂线	正垂线	侧垂线
空间状况	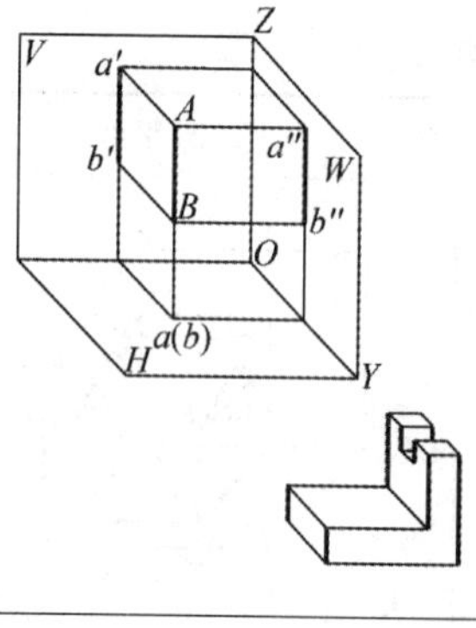	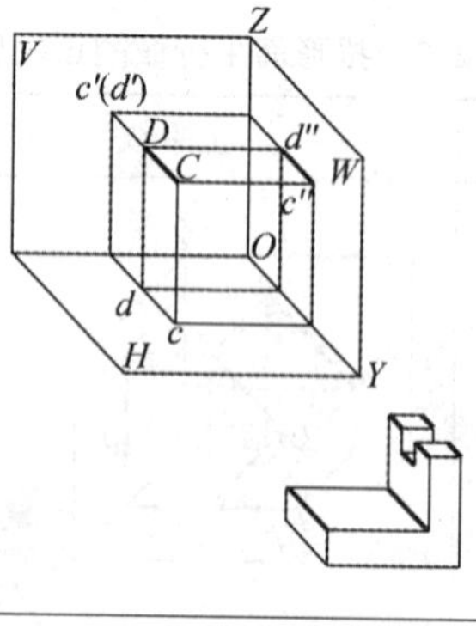	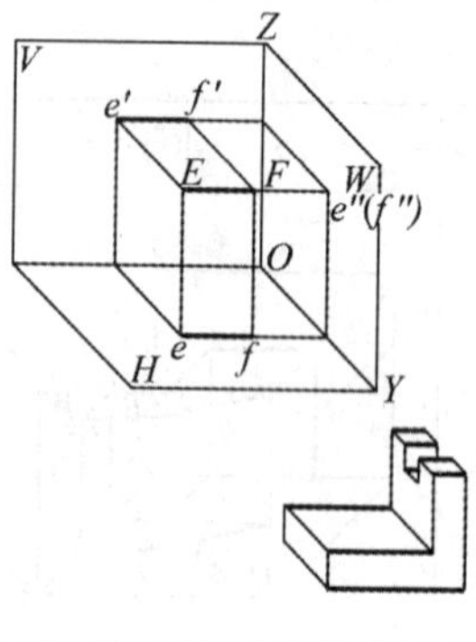

（续表）

	铅垂线	正垂线	侧垂线
投影图			
投影特性	(1) ab 积聚为一点 (2) $a'b'//a''b''//OZ$ (3) $a'b'=a''b''=AB$	(1) $c'd'$ 积聚为一点 (2) $c''d''//OY_W$；$cd//OY_H$ (3) $c''d''=cd=CD$	(1) $e''f''$ 积聚为一点 (2) $e'f'//ef//OX$ (3) $ef=e'f'=EF$

3）一般位置线

与三个投形面都不平行的直线，称为一般位置直线见图 2.23。其投形特性是：

(1) 直线在三个投形面上的投形，与三条投形轴均不平行。

(2) 直线在三个投形面上的投形，都不反映该直线的实长，且长度均缩短。

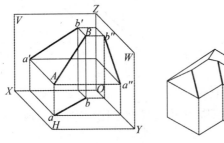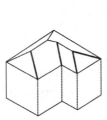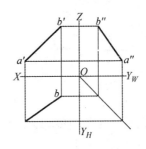

图 2.23　一般位置直线投形

2.4.2.2　直线上的点的投形规律

对于直线上的点的投形，其特性如下：

(1) 某一直线上的点，其投形必在该直线同名投形上。如图 2.24 所示，C 在 AB 上，则 c 在 ab 上，c' 在 $a'b'$ 上，c'' 在 $a''b''$ 上。

(2) 直线上的点将直线分成定比，各线段长度之比与其同面投形的长度之比相等。如图 2.24 所示，即 $AC:BC=ac:bc=a'c':b'c'=a''c'':b''c''$。

2.4.2.3　同一空间中两条直线的投形规律

空间中两条直线的位置关系有两种：一种是共面直线，一种是异面直线（也称为交叉直线）。其中共面直线又分为平行直线和相交直线两种情况。

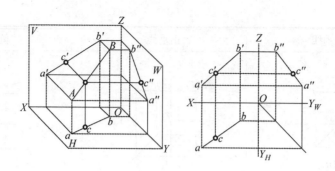

图 2.24   直线上的点的投形

1) 两条平行直线的投形特征

(1) 空间两条平行直线,其同名投形必相互平行;反之,如果它们的同名投形相互平行,则空间两直线必相互平行,见图 2.25。

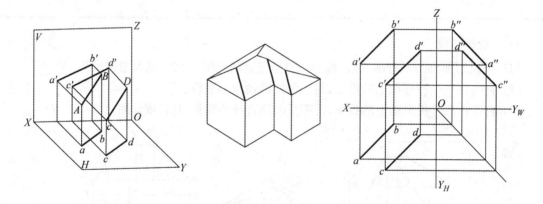

图 2.25   平行直线投形特性(一)

(2) 空间两条平行直线,其长度之比与它们同名投形长度之比相等(积聚成点投形除外),见图 2.26(a)、图 2.26(b)。

(3) 若直线为一般位置线,只要任意两组同名投形相互平行,那么这两条直线一定平行。若两直线都是某投形面的平行线,则需画出在该投形面上的同名投形方可确定见图 2.26(c)、图 2.26(d)。

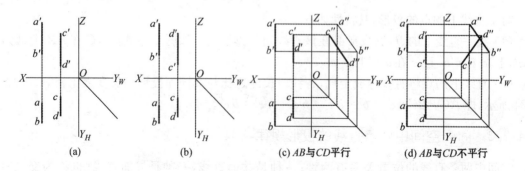

| (a) | (b) | (c) AB与CD平行 | (d) AB与CD不平行 |

图 2.26   平行直线投形特性(二)

2）两条相交直线的投形特性

（1）两条相交直线的同名投形必相交，其交点即是空间两直线交点在投形面上的投形，且相邻两投形交点的连线必垂直于相应的投形轴。反之，如果两直线的三组同名投形皆相交，且交点符合点的投形规律，则空间两直线必相交，见图 2.27。

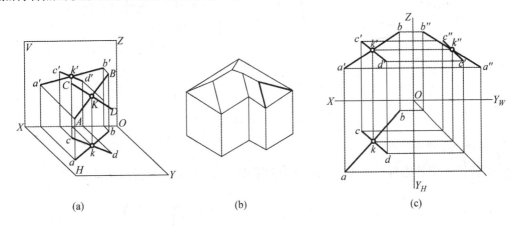

(a)　　　　　　　　(b)　　　　　　　　(c)

图 2.27　相交直线投形特性（一）

（2）当两条直线中，有一条为某投形面的平行线时，需画出该投形面上的同名投形，才能确定它们是否相交，见图 2.28。

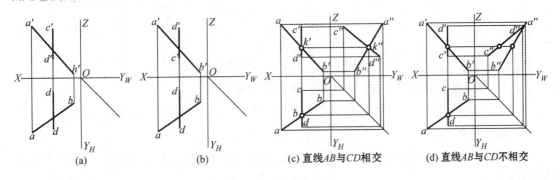

(a)　　　　　　(b)　　　　(c)直线AB与CD相交　　(d)直线AB与CD不相交

图 2.28　相交直线投形特性（二）

3）两条交叉直线的投形特性

（1）交叉两直线的三组同名投形不会都平行，见图 2.29。

（2）该两直线的投形交点是重影点，不符合点的投形规律，见图 2.29。

2.4.3　平面的正投形规律

平面依据与投形面的相对位置不同，可以分为一般位置平面和特殊位置平面，特殊位置平面还可以分为投形面垂直面和投形面平行面。

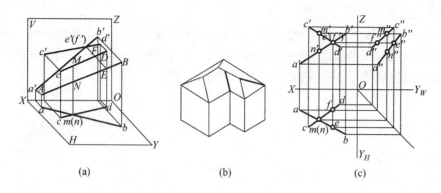

图 2.29　交叉直线投形特性

1）一般位置平面

一般位置平面是指对三个投形面都倾斜的平面，见图 2.30。其投形特性是：

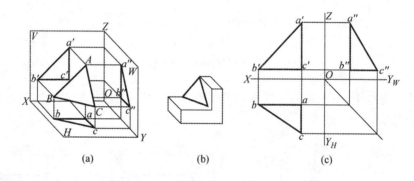

图 2.30　一般位置平面投形

（1）一般位置平面在三个投形面上的投形都是平面。

（2）其投形都不能表现该平面的真实形状和尺寸，而是类似图形，且都小于实形。

2）投形面垂直面

投形面垂直面是指垂直于一个投形面，而与另两个投形面倾斜的平面，见表 2.4。其投形特性是：

表 2.4　投形面垂直面的正投形规律

	铅垂线	正垂线	侧垂线
空间状况			

（续表）

	铅垂线	正垂线	侧垂线
投影图	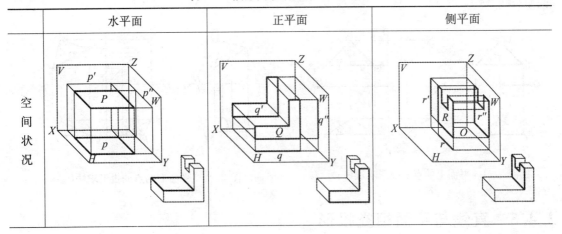		
投影特性	(1) p 积聚成一条直线 (2) p 与投影轴的夹角反映 β、γ (3) p'、p'' 为类似形	(1) q 积聚成一条直线 (2) q 与投影轴的夹角反映 α、γ (3) q'、q'' 为类似形	(1) r 积累成一条直线 (2) r 与投影轴的夹角反映 α、β (3) r'、r'' 为类似形

（1）平面在所垂直的投形面上的投形积聚成一直线，且它与相应投影轴的夹角反映了平面与两个相倾斜的投形面的倾角。

（2）平面在两个不垂直的投形面上的投形是其类似图形，且小于实形。

3）投形面平行面

投形面平行面是指平行于一个投形面，垂直于另两个投形面的平面，见表 2.5。其投形特性是：

（1）平面在所平行的投形面上的投形是一个平面，且与空间平面的实际形状和尺寸一致。

（2）平面的另外两个投形积聚成直线，且平行于相应的投影轴。

表 2.5 投形面水平面的正投形规律

	水平面	正平面	侧平面
空间状况			

（续表）

	水平面	正平面	侧平面
投影图			
投影特性	(1) p 反映实形 (2) p'、p'' 积聚成一条直线	(1) q 反映实形 (2) q'、q'' 积聚成一条直线	(1) r'' 反映实形 (2) r、r' 积聚成一条直线

2.4.4　平面上的点的正投形制图实例

【例 2.1】　已知 △ABC 的 H、F 投形与其上一点 P 的 H 投形 P_h，作 P 点的 F、S 投形 P_f、P_s。

【作图步骤】　由 P_h 投到 $A_sB_sC_s$ 上，即得 P_s。由 P_h 和 P_s 投到 F 面上即得 P_f，见图 2.31。

【例 2.2】　已知 △ABC 的 H、F 投形与其上一点 P 的 H 投形 P_h，求作 P 点的 F、S 投形 P_f、P_s。

【作图步骤】　在 H 面上连 A_hP_h 并延长与 B_hC_h 相交于 D_h。由 A_hD_h 即得 A_fD_f 与 A_sD_s。将 P_h 投到 A_fD_f 上得 P_f。由 P_h、P_f 即得 P_s，P_s 必在 A_sD_s 上，因为 AD 为 AP 的延长线，见图 2.32。

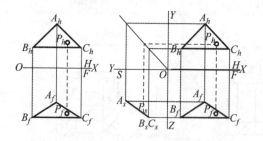

图 2.31　平面上的点的投形求法（一）

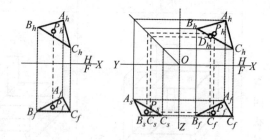

图 2.32　平面上的点的投形求法（二）

2.4.5　直线与平面相交投形

直线与平面相交，有一交点，交点是直线与平面的共有点，它既在直线上又在平面上。

当直线或平面有积聚投形时，可以用积聚投形求交点；当直线或平面无积聚投形时，可以利用辅助平面来求交点。

2.4.5.1　特殊线与一般面相交

【例 2.3】　如图 2.33(a)所示，直线 AB 与 $\triangle CDE$ 相交，求交点 M。

【分析】　因 ab 积聚为一点，且交点一定在平面上，过该交点任作一条直线 $d1,1$ 与 ce 相交。

【作图步骤】

(1) 求 $1'$，连 $d'1'$，即得 m'。

(2) 选 V 面重影点 $2'(3')$ 判断可见性，2 在前，3 在后，因 2 在 $\triangle CDE$ 平面上，在直线 AB 上，故 mb 在后，$m'b'$ 不可见，为虚线。

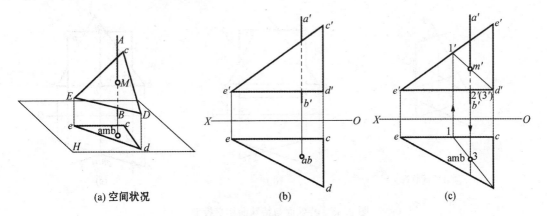

图 2.33　特殊线与一般面相交投形

2.4.5.2　一般直线与特殊面相交

【例 2.4】　如图 2.34(a)所示，直线 AB 与铅垂面 P 相交，求交点 M。

【分析】　因 P 积聚为一条直线，故 P 与 $a\,b$ 交点为 m。

【作图步骤】

(1) 由 m 作投形联系线与 $a'b'$ 相交，即得 m'。

(2) 选 V 面重影点 $1'(2')$ 判断可见性，1 在前，2 在后，且 1 在 P 平面上，2 在直线 AB 上，故 mb 在后，$m'b'$ 有一段为虚线。

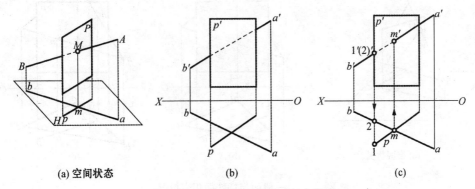

图 2.34　一般直线与特殊面相交投形

2.4.6　平面与平面相交投形

2.4.6.1　特殊面与特殊面相交

【例 2.5】　如图 2.35(a)所示,求铅垂面△ABC 与铅垂面 P 的交线 MN。

【分析】　因△ABC 与 P 均积聚为一条直线,则交线积聚为一点,即 $m(n)$,交线为铅垂线。

【作图步骤】　过 $m(n)$ 作投形线可求得 $m'(n')$,必为两平面共有。利用重影点 $1'(2')$ 判断可见性,方法同例 2.4。

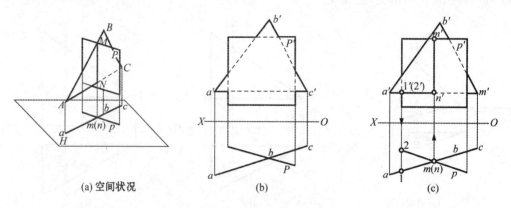

(a) 空间状况　　　　(b)　　　　(c)

图 2.35　特殊面与特殊面相交投形

2.4.6.2　一般面与特殊面相交

【例 2.6】　如图 2.36(a)所示,求一般面△ABC 与铅垂面 P 的交线 MN。

【分析】　因 P 积聚为一条直线,则 mn 必为交线。

【作图步骤】

(1) 过 m、n 作投形连线可求得 m'、n',连线即为交线。

(2) 利用重影点 $1'(2')$ 判断可见性,方法同例 2.5。

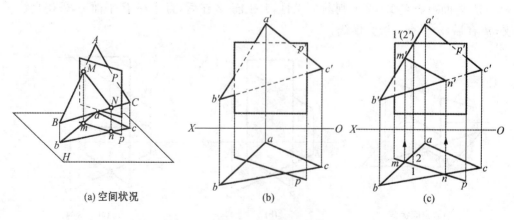

(a) 空间状况　　　　(b)　　　　(c)

图 2.36　一般面与特殊面相交投形

2.5　体的正投形

2.5.1　平面立体的正投形

表面全部由平面围成的立体称为平面立体。基本的平面立体有棱柱、棱锥等。

2.5.1.1　棱柱体

有两个面互相平行,其余各面都是四边形,并且每相邻两个四边形的公共边都互相平行,由这些面所围成的几何体叫做棱柱。

1)三棱柱

底面是三角形的棱柱称为三棱柱,如图 2.37 所示,三棱柱的投形特性为:

(1)上下两底面是水平面,在 H 面上反映实形。

(2)三个侧面中,前两侧面为铅垂面,后一侧面为正平面。

(3)三棱柱的三条侧棱为铅垂线,上下两底面上的六条线,前方的上下四条线为水平线,后面的两条线为侧垂线。

2)四棱柱

底面是四边形的棱柱称为四棱柱,如图 2.38 所示,四棱柱的投形特性为:

(1)上下两底面是水平面,在 H 面上反映实形。

(2)前后两侧面为正平面,左右两侧面为侧平面。

(3)四棱柱的四条侧棱为铅垂线,上下两底面上的前后四条线为侧垂线,左右四条线为正垂线。

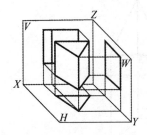 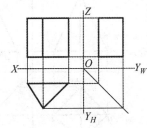

图 2.37　三棱柱投形

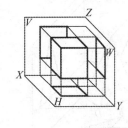 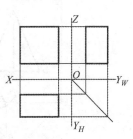

图 2.38　四棱柱投形

3)五棱柱

底面是五边形的棱柱称为五棱柱,如图 2.39 所示,五棱柱的投形特性为:

(1)左右两侧面为侧平面,是五边形,在 W 面上反映实形。

(2)前后两平面为正平面,下底面为水平面,上部两顶面为侧垂面。

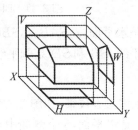 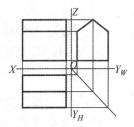

图 2.39　五棱柱投形

（3）过五边形的 5 个顶点的棱线为侧垂线,两个五边形中的前后 4 条线为铅垂线,五边形中的下面两条线为正垂线,五边形中上部 4 条线为侧平线。

2.5.1.2　棱锥

一个多面体的一个面是多边形,其余各面是有一个公共顶点的三角形,那么这个多面体叫做棱锥。

1）三棱锥

底面是三角形的棱锥称为三棱锥,如图 2.40 所示,三棱锥的投形特性为:

（1）△ABC 是水平面,△SAC 是侧垂面,△SAB 和△SBC 是一般平面。

（2）AB 和 BC 是水平线,AC 是侧垂线,SA、SB、SC 均为一般线。

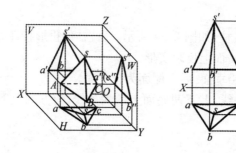

图 2.40　三棱锥投形

2）四棱锥

底面是四边形的棱锥称为四棱锥,如图 2.41 所示,四棱锥的投形特性为:

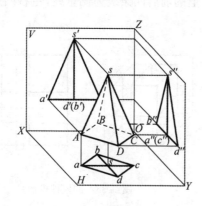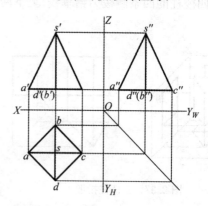

图 2.41　四棱锥投形

（1）四边形 ABCD 是水平面,△SAB、△SBC、△SCD、△SDA 都是一般平面。

（2）SA 和 SC 是正平线,SB 和 SD 是侧平线,AB、BC、CD、DA 都是水平线。

3）五棱锥

底面是五边形的棱锥称为五棱锥,如图 2.42 所示,五棱锥的投形特性为:

（1）五边形 ABCDE 是水平面,5 个侧面中,其中四个△SAE、△SAB、△SED、△SCD 是一般面,△SBC 是侧垂面。

（2）AB、CD、DE 和 EA 是水平线，BC 是侧垂线，SE 是侧平线，而 SA、SB、SC 和 SD 都是一般线。

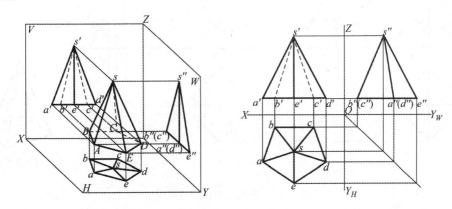

图 2.42　五棱锥投形

2.5.1.3　平面立体表面的点和直线

1）棱柱上的点和直线

【例 2.7】　如图 2.43（a）、图 2.43（b）所示，已知四棱柱表面的直线 AB、BC、CD 的 V 面投形，求其在 H 面和 W 面上的投形。

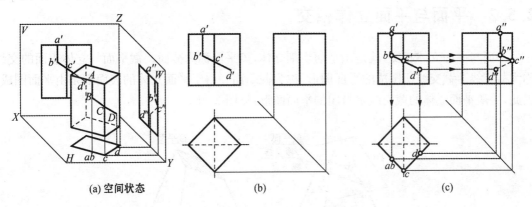

(a) 空间状态　　　　(b)　　　　(c)

图 2.43　棱柱上的点和直线投形

【作图步骤】

（1）作出各点的投形，如：由 $a'b'$ 直线可见，知 AB 点位于该四棱柱的前侧面上，先在 H 面上定出 ab，然后作出 a''、b''。

（2）用求 AB 点的方法求出 c、d 和 c''、d''，但（d''）为不可见。

（3）连线 $abcd$ 和 $a''b''c''d''$，因（d''）在 W 面上不可见，所以 $c''d''$ 为虚线。

2）棱锥上的点和直线

【例 2.8】　如图 2.44（a）所示，已知四棱锥表面的直线 AB 和 BC 的 V 面投形，求其在 H 面和 W 面上的投形。

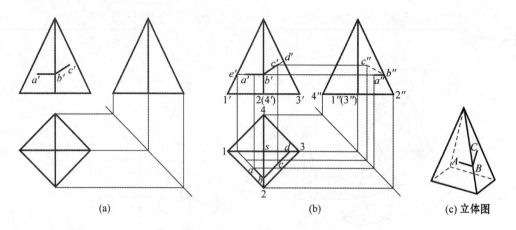

图 2.44　棱锥上的点和直线投形

【作图步骤】

(1) 作 AB 直线的投形：过 a' 作辅助线 $e'a'b' /\!/ 1'2'$，在 H 面上得 e，过 e 作直线平行于直线 12，该直线与 $s2$ 的交点为 b，连 eb，可求得 a，由 a、a' 可求得 a''。

(2) 求 C 点：延长 $b'c'$ 与 $s'3'$ 交于 d' 点，由 d' 求 d，连 bd，c 在 bd 上，由 c、c' 求得 c''，但 (c'') 为不可见。

(3) 连线 abc 和 $a''b''c''$，因 (c'') 在 W 面上为不可见，所以 $c''b''$ 为虚线。

2.5.2　平面与平面立体相交

平面与平面立体相交，就是用平面切割立体，该平面称为截面。截平面与立体表面的交线称为截交线。截交线所围成的平面图形，称为截断面。由于平面立体的表面都是由平面围成，因此，一般平面立体的截交线是封闭的平面图形，见图 2.45。

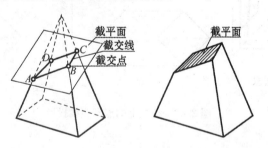

图 2.45　面与平面立体相交

求作截交线的方法一般有两种：

1) 交点法

先求出平面体各条棱线与截平面的交点，然后把位于同一棱面上的两个截交点连成线。

2) 交线法

直接作出立体各棱面与截平面的交线。

2.5.3 曲面立体的投形

表面都由曲面或曲面和平面组成的立体,称为曲面立体。按照曲面是否由回转形成分,曲面分为:母线绕一轴线旋转而形成的曲面称为回转面;除此之外的曲面为非回转面。

2.5.3.1 回转曲面

常见的回转曲面有圆柱面、圆锥面、球面、圆环面、单叶双曲面等。

1) 圆柱面

如图 2.46(a)所示,由母直线 AA_0 绕轴线旋转而形成的曲面,称为圆柱面。圆柱的三面投形见图 2.46(b):

H 面是积聚圆,V 面和 W 面的投形为矩形,矩形的上下两水平线是顶圆和底圆的积聚投形。

AA_0 和 CC_0 是最左和最右的两条直素线,将圆柱分为前后两个部分,向 V 面投形时,前半部分可见,后半部分不可见,AA_0 和 CC_0 是前后半部可见与不可见的分界线。

DD_0 和 BB_0 是最前和最后的两条直线,将圆柱分为左右两个部分,向 W 面投形时,左半部分可见,右半部分不可见,DD_0 和 BB_0 是左右半部可见与不可见的分界线。

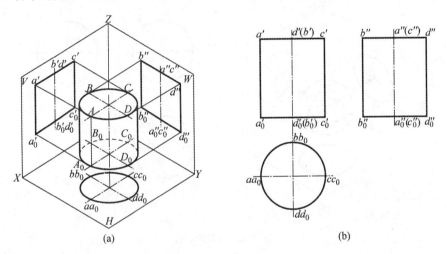

图 2.46 圆柱投形

2) 圆锥面

如图 2.47(a)所示,由母直线 SA 绕其相交于 S 点的轴线旋转而形成的曲面称为圆锥面。圆锥的三面投形见图 2.47(b):

H 面的投形是圆和顶点 S,V 面和 W 面的投形为等大的等腰三角形,三角形的底边是底圆的积聚投形。

SA 和 SC 是最左和最右的两条直素线,将圆锥分为前后两个部分,向 V 面投形时,前半部分可见,后半部分不可见,SA 和 SC 是前后半部可见与不可见的分界线。

SD 和 SB 是最前和最后的两条直线,将圆锥分为左右两个部分,向 W 面投形时,左半

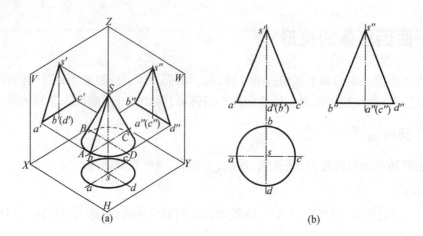

图 2.47　圆锥投形

部分可见,右半部分不可见,SD 和 SB 是左右半部可见与不可见的分界线。

3) 球面

如图 2.48(a)所示,以圆为母线,绕其直径旋转而形成的曲面称为球面,见图 2.48(a);球面的三面投形见图 2.48(b):

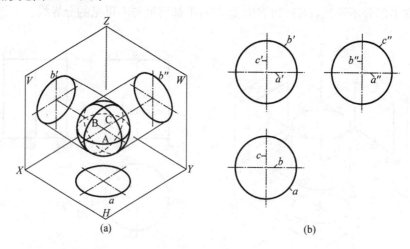

图 2.48　球面投形

球面的三面投形均为与球直径相等的圆。

水平圆 A 是球的 H 面投形,将球面分为上下两部分,向 H 面投形时,上半球可见,下半球不可见,水平圆 A 是上下半球可见与不可见的分界线。

正面圆 B 是球的 V 面投形,将球面分为前后两部分,向 V 面投形时,前半球可见,后半球不可见,正面圆 B 是前后半球可见与不可见的分界线。

侧面圆 C 是球的 W 面投形,将球面分为左右两部分,向 W 面投形时,左半球可见,右半球不可见,侧面圆 C 是左右半球可见与不可见的分界线。

4) 圆环面

如图 2.49(a)所示,以圆为母线,绕与其共面的圆外直径旋转形成的曲面称为环面。环面的三面投形见图 2.49(b)：

当轴线垂直 H 面时，H 面的投形为两个同心圆，分别是赤道圆和喉圆；环面的 V 面和 W 面投形均由两个圆和与它们相切的两段水平轮廓线组成，环面的 V 面两圆分别是最左和最右素线，W 面的两圆分别是最前和最后素线，两圆的上下水平公切线为环面上最高和最低的纬圆的投形。

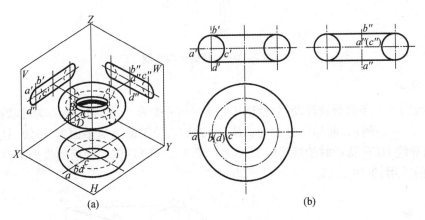

图 2.49　圆环面投形

2.5.3.2　非回转直线曲面

1) 锥状面

母直线沿着一条直导线和一条曲导线移动，且始终平行于一导平面所形成的曲面称为锥状面。

如图 2.50(a)所示，直导线为 DE，曲导线为 ABC，导平面为侧平面 R，母线 AD 沿直导线 DE 和曲导线 ABC 移动时始终平行于 R 面。图 2.50(b)是该锥状面的投形图，锥状面在工程实例中的应用见图 2.51。

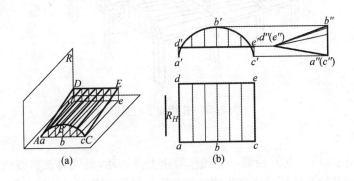

图 2.50　锥状面投形

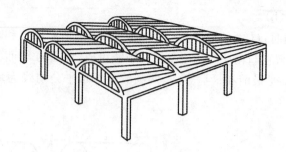

图 2.51　锥状面工程实例

2）柱状面

母直线沿着两条曲导线移动,且始终平行于一导平面所形成的曲面,称为柱状面。

如图 2.52(a)所示,曲导线分别为 ABC 和 DEF,导平面为侧平面 R,母线 AD 沿曲导线 ABC 和曲导线 DEF 移动时始终平行于 R 面。图 2.52(b)是该柱状面的投形图,柱状面在工程实例中的应用,见图 2.53。

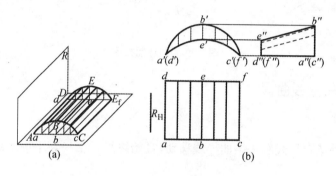

图 2.52　柱状面投形

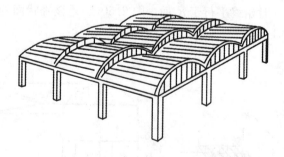

图 2.53　柱状面工程实例

3）平螺旋面

如图 2.54 所示,当一点 A 沿着一直线作等速上升运动,而同时该直线绕与其平行的轴线作等速旋转,则该点的复合运动轨迹为圆柱螺旋线。圆柱螺旋线的投形见图 2.55。

直母线以圆柱螺旋线为曲导线,以该螺旋线的轴线为直导线,且始终平行于与轴线垂直的导平面运动,而形成的曲面称为平圆柱螺旋面,见图 2.56。其投形图特点参见图 2.57。

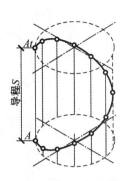

图 2.54 圆柱螺旋线

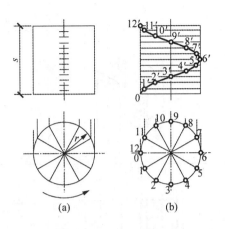

图 2.55 圆柱螺旋线投形

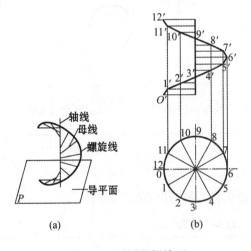

图 2.56 平圆柱螺旋面

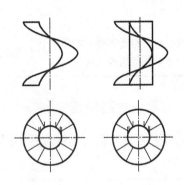

图 2.57 平圆柱螺旋面投形

2.5.4 平面与曲面立体相交

平面截曲面立体所得到的截交线,一般是封闭的平面曲线,也可能是由截平面上的曲线和直线所围成的平面图形或多边形,其形状取决于曲面立体的几何性质及其截平面的相对位置。

截交线是截平面与曲面立体表面的共有线,截交线上的点是它们的共有点。

2.5.4.1 平面与圆柱相交

根据截平面与圆柱的相对位置不同,截交线的形状有 3 种情况,见表 2.6。

表 2.6 平面与圆柱相交截交线情况

空间状况	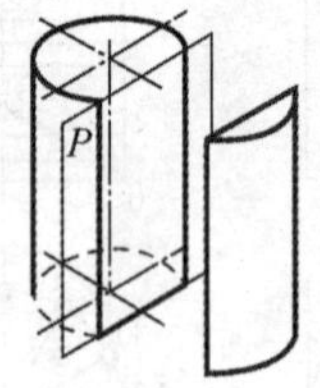	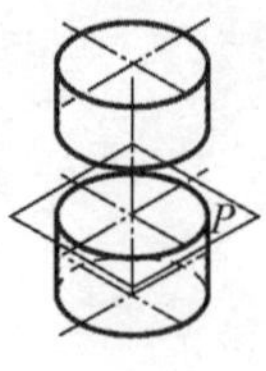	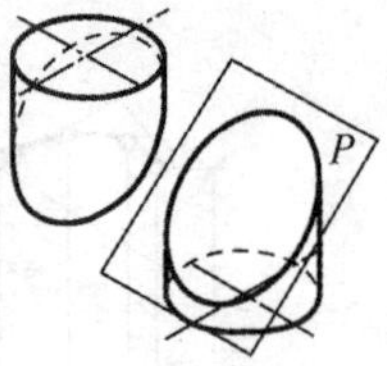
投影图	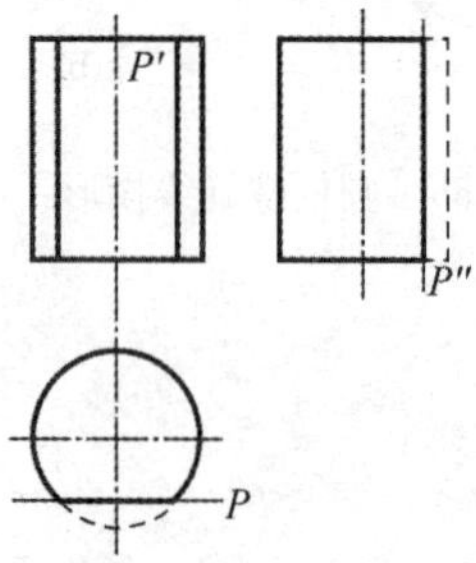	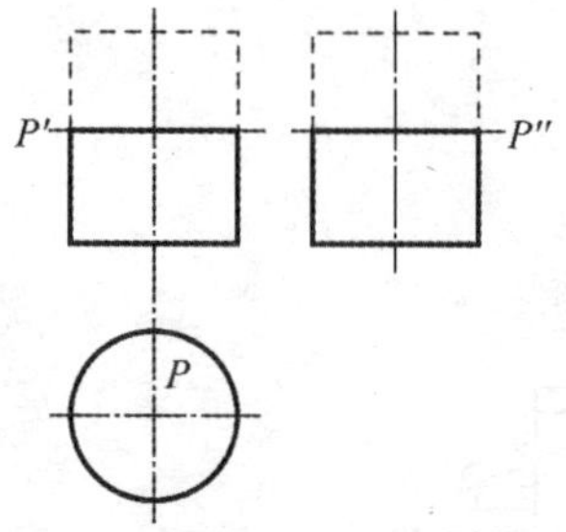	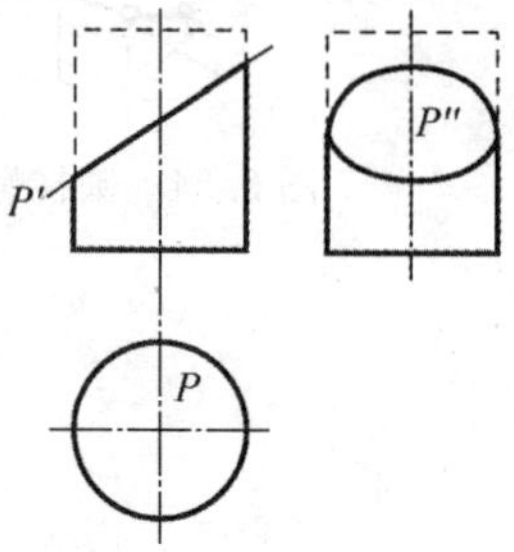
交线情况	截平面平行于轴线,交线为平行于轴线的两条直线	截平面垂直于轴线,交线为圆	截平面倾斜于轴线,交线为椭圆

2.5.4.2 平面与圆锥相交

根据截平面与圆锥的相对位置不同,截交线的形状有五种情况,见表2.7。

表 2.7 平面与圆锥相交截交线情况

空间状况			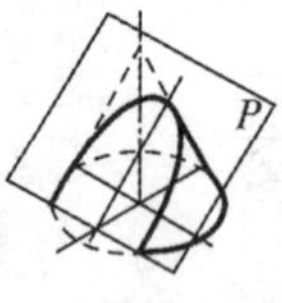	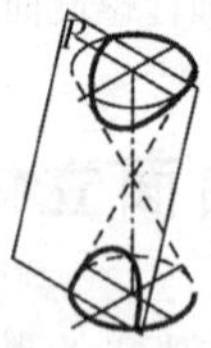	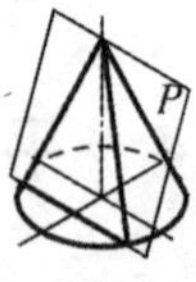
投影图	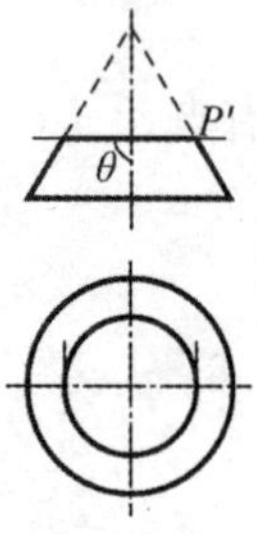	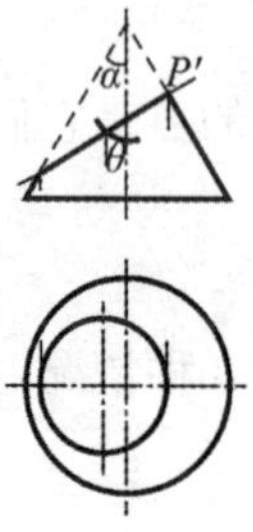	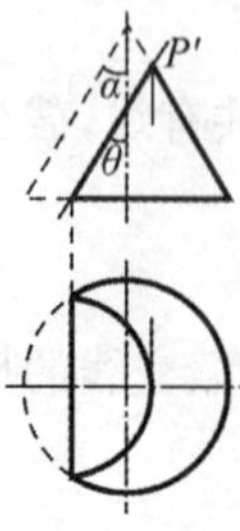	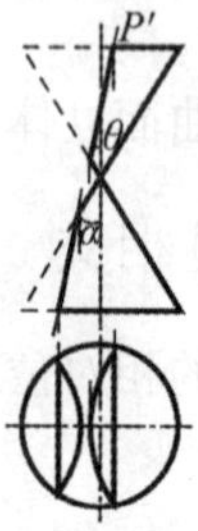	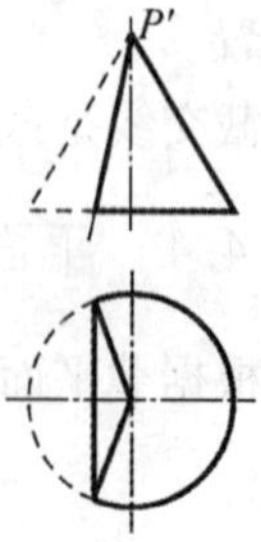

交线情况	截平面垂直于轴线($\theta=90°$），交线为圆	截平面倾斜于轴线，且 $\theta>\alpha$，交线为椭圆	截平面倾斜于轴线，且 $\theta=\alpha$，交线为抛物线	截平面倾斜于轴线，且 $\theta=\alpha$，或截平面平行于轴线，交线为双曲线	截平面过锥顶，交线为过锥顶的两相交直线

2.5.4.3　平面与圆球相交

无论截平面处于何种位置，其与圆球的截交线总是圆。

当截平面平行于投形面时，截交线在该投形面上反映实形。

若截平面与投形面倾斜时，则截交线在投形面上的投形为椭圆，见图 2.58。

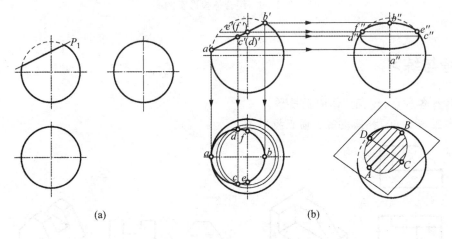

图 2.58　平面与圆球相交

2.5.5　组合体的投形

两相交的立体称为相贯体，两立体表面的交线称为相贯线。相贯体包括两个平面立体相交、两个曲面立体相交和平面立体与曲面立体相交。这里我们主要探讨两个平面立体相交的情况。

两个平面立体的相贯线一般是封闭的空间折线，它是两个立体表面的共有线，相贯线上的点就是两形体表面的共有点。

【例 2.9】　如图 2.59(a)所示，已知屋面及屋面上气窗的 V 面、W 面投形，求气窗及屋面的交线。

【作法一】　一是已知两投形面，直接求第三面投形。

【作法二】　如图 2.59(b)所示，在 V 面上作辅助线求解。

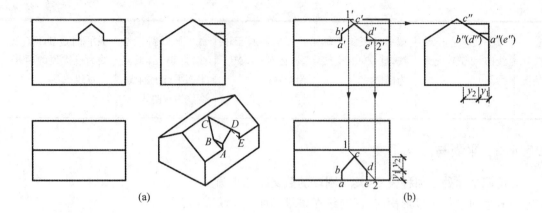

图 2.59 组合体投形实例

思考与练习

1. 熟悉各种点、线、面、体的正投形。

2. 参照图 2.60,补画出第三面正投形图。

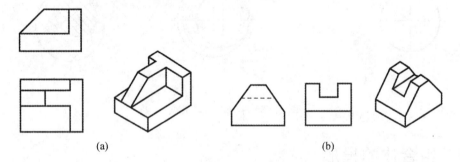

(a) (b)

图 2.60

3. 请补画出图 2.61 中所缺的图线。

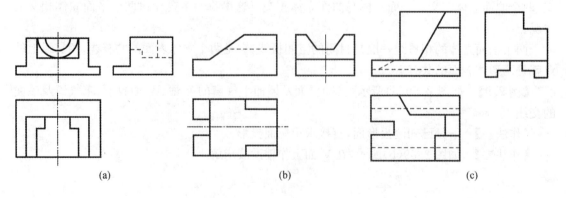

(a) (b) (c)

图 2.61

4. 补画出图 2.62 的左侧立面图、右侧立面图、底面图和背立面图。

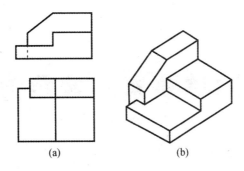

(a)　　　　　　　　(b)

图 2.62

3　园林要素的表示方法

【本章导读】
　　园林要素是指植物、山石、水体、建筑小品等风景园林基本的构景元素。各类园林要素的表示方法将直接影响园林设计的制图质量和表达效果，园林要素的表示方法是本章讲授的重点。

3.1　园林植物的表示方法

　　园林植物是园林设计中应用最多，也是最重要的造园要素。园林植物依据各自特征可分为乔木、灌木、攀援植物、竹类、花卉、绿篱和草坪七大类。这些植物种类不同，形态各异，因此画法有所不同，但一般都是根据植物特征，抽象其本质，形成"约定俗成"的图例来表现的。

　　园林植物的表现可分为平面和立面表现，应根据具体情况选择对应的表示方法。

3.1.1　植物的平面表示方法

　　园林植物平面图是指园林植物的水平投形图，一般采用图例表示。其方法为：先以树干位置为圆心，树冠平均半径为半径作圆，然后再依据不同树木的特性加以表现，见图 3.1。在绘制时先确定树干位置和树冠大小，再绘制树木主干，最后绘制细枝、树干或者树叶。可通过绘制树木的轮廓、枝干、叶片质感来作为图例。

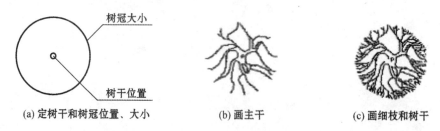

(a) 定树干和树冠位置、大小　　　　(b) 画主干　　　　(c) 画细枝和树干

图 3.1　植物平面图例的表示方法

树木树冠的大小应需要根据树龄、树木种类，按比例画出。成龄树冠大小如表 3.1 所示。

表 3.1 成龄树冠冠径 单位/m

树种	孤植树	高大乔木	中小乔木	常绿乔木	花灌木	绿篱
冠径	10～15	5～10	3～7	4～8	1～3	单行宽度:0.5～1.0 双行宽度:1.0～1.5

3.1.1.1 针叶树的表现

树木平面画法并无严格的规范,实际工作中根据构图需要,设计师可以创作出许多画法,见图 3.2。针叶树常以带有针刺状的树冠来表示;若为常绿的针叶树,则在树冠线内加画平行斜线见图 3.2。

3.1.1.2 阔叶树的表现

阔叶树的树冠线一般为圆弧线或波浪线;若常绿阔叶树多表现为浓密的叶子,或在树冠内加画平行斜线,落叶阔叶树多用枯枝表现,见图 3.3。

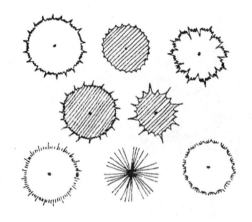

图 3.2 针叶树平面图例图

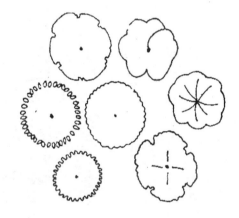

图 3.3 阔叶树平面图例图

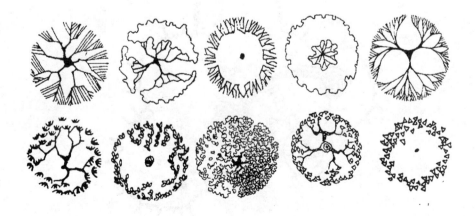

图 3.4 各类树木平面图例图

在设计图绘制表现时应尽量避免使用相似的图例表现不同种类的植物(见图 3.4)。表示成片树木时只需勾画林缘线,见图 3.5。不同种类植物种植在一起时,平面表现一定要简繁结合,疏密有致,见图 3.6。如果植物下方还有其他要表现的要素时,植物一般采用轮廓表示方法,只绘制树冠轮廓线,避让树下的物体,见图 3.7。另外,给植物加绘阴影也是平面表示的重要方法,它可以增强明暗对比,使图像具有立体效果,见图 3.8。

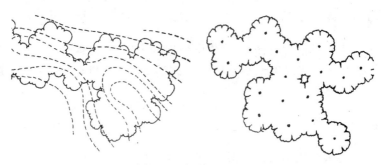

图 3.5　成片树林表现

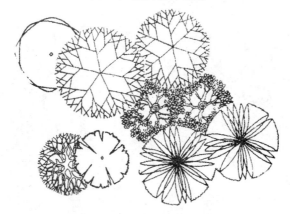

图 3.6　不同树木的组合表现

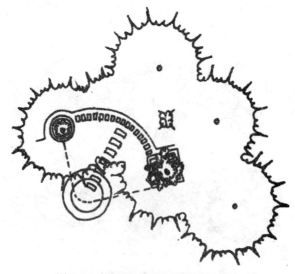

图 3.7　树冠轮廓画法避让树下物体

图 3.8 植物的阴影表现

3.1.1.3 灌木和地被的表现

灌木与乔木不同,没有明显的主干,植株相对较矮小,因此灌木在风景园林设计中的运用也有所不同;灌木主要以片植为主,但也可单株种植。单株灌木的画法与乔木相同。片植的灌木有自然式和规则式两种种植方式,可用轮廓、分枝、枝叶或质感的方式表示,表示时以栽植范围为准,见图 3.9。

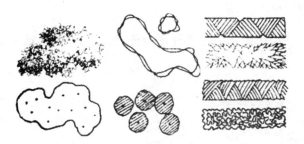

图 3.9 单株和片植灌木的表现

在风景园林设计中地被、花境宜采用轮廓勾勒和质感表现的方式,作图时应以栽植范围为依据,用自然流畅的细线勾勒其范围轮廓,结合编号、图例和植物名录表说明不同植物种类,见图 3.10。

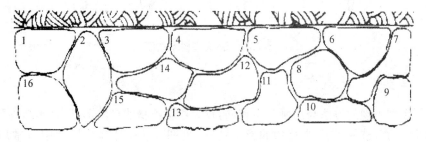

图 3.10 花境的表示

3.1.1.4 草地的表现

草地的表示方法有很多种,主要的有打点法、小短线法、线段排列法,见图 3.11。

(a) 打点法

(b) 小短线法

(c) 线段排列法

图 3.11　草地的表现

（1）打点法。打点法是较简单也最为常用的一种草地表示方法。用打点法画草地时点的大小应基本一致，点要打得相对均匀。

（2）小短线法。将小短线排列成行，每行之间的间距相近，排列整齐，可用来表示草地。排列不规整的可表示管理粗放的草坪。

（3）线段排列法。线段排列要求线段排列整齐，行间又断断续续的重叠，也可少留些空白或行间留白。另外，也可用斜线排列表示草坪，排列方式可以规则或随意。

3.1.2　植物的立面表现

植物的立面表现有两种类型：图案型和写实型。

3.1.2.1　图案型的表示方法

图案型的表示方法按照植物的主要外形特征，加以适当的装饰变形，概括突出图案的效果，见图 3.12。

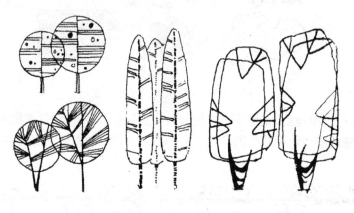

图 3.12　图案型树木立面

3.1.2.2　写实型的表现方法

植物写实型表现的方法与绘画写生相同，较为尊重植物的自然形态、枝干结构和冠叶的质感，刻画细腻逼真，能真实反映植物的形态特征，见图 3.13，是园林设计中最常用到的表现方法。

树木的外形姿态万千，各具特色，要生动的表现一棵树木的立面应观察各种树木的形态特征及各部分的关系，了解树木的外形轮廓，树木的宽高比，枝叶疏密和质感，枝干结构等相关信息，绘制的时候要高度概括、合理取舍。

图 3.13 写实型树木立面

1) 绘图步骤

写实绘制树木的一般步骤如图 3.14 所示：

图 3.14 绘制树木的步骤

(1) 根据所绘树木的种类特征,确定树木的高宽比例,绘出整体轮廓。

(2) 从主要枝干入手,注意前后左右穿插的空间关系。抓住主要轮廓特征,勾画出树叶外轮廓。

(3) 细致刻画树木的各部分细节特征,比如叶片和枝干的质感。

(4) 注意枝叶的疏密和整体受光情况,调整总体明暗、虚实关系,完成绘制。

2）树形特征

树木的不同形态特征是由其树形、枝干形态、树叶质感和枝干纹理决定的，因此，树木的立面表现也要从这四个方面入手进行仔细的刻画。树木外形主要取决于树冠轮廓。我们大体可以把树冠轮廓概括为几种几何形体，如球形、椭圆形、圆锥形、圆柱形、匍匐形、伞形、垂枝形等，见图 3.15。

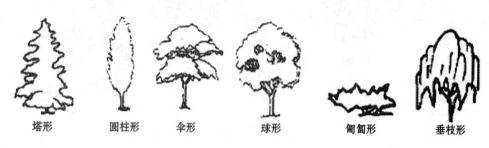

塔形　　　圆柱形　　　伞形　　　球形　　　匍匐形　　　垂枝形

图 3.15　常见树形

3）枝干形态

不同树木，其分枝方式是不同的，有的有明显主干，有的无明显主干，有的枝条下垂，有的枝条平展，有的枝条向上呈放射状，见图 3.16。

图 3.16　枝干形态

4）叶片形态

叶片形态是树木的主要特征之一，准确的叶片形态刻画能很好的反映树木的种类，见图 3.17。

5）枝干纹理

树木的树干纹理也各不相同，有的呈环状，有的呈斑块状，有的呈条纹状，见图 3.18。

6）树木群落的立面表现

在表现树木的群落组合时要注意处理树枝、干、叶的相互避让、远近虚实和疏密繁简等关系，处理好树木的层次，见图 3.19。

图 3.17　叶片形态

图 3.18　枝干纹理

图 3.19　树木群落的立面表现

3.2   水体的表示方法

水体是园林中很特殊的造景要素,它在园林中形式多样,没有固定的形状。有静态的湖面、水池、水渠,也有动态的溪流、喷泉、瀑布等。对水体的表现主要是通过对容器形状、水纹、水花和明暗关系的刻画来实现的。

水体的表示也分为平面和立面两种。

3.2.1   水体平面表示方法

水体的平面表示采用线条法、等深线法、平涂法和添景物法,前三种表示方法是直接绘制水体,最后一种表示方法是间接表示法,通过表现水体周边的物体来暗示水体。

3.2.1.1   线条法

线条法是指运用工具或徒手排列平行线条表示水面波纹的方法。可以将整个水面用线条均匀布满,也可以在局部进行留白处理,或者只在局部水面绘制线条。

线条可以采用直线、波纹线、水纹线或曲线。静态水面宜多采用水平直线或小波纹线,可以表现出水面的宁静或微波,见图 3.20(a)。动态水面宜采用大波纹线或鱼鳞纹线,可以表现出水面的湍急流动感,见图 3.20(b)。

3.2.1.2   等深线法

等深线法也是园林设计平面图中最常见的水体表示方法,见图 3.21。在靠近岸线的水面中,依岸线的曲折绘制三根曲线,这种类似等高线的闭合曲线称为等深线,它们分别代表最高水位线、最低水位线和常水位线。在平面设计图中采用等深线表示水体时,池岸线应采用中粗线宽。

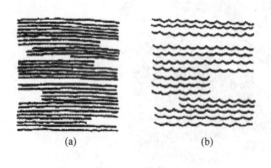

(a)   (b)

图 3.20   线条法

图 3.21   等深线法

3.2.1.3   平涂法

平涂法是指用颜色平涂所有水体部分的方法。平涂时可以有颜色深浅的过渡变化,也可以均匀涂色,见图 3.22。

3.2.1.4 添景物法

添景物法是一种间接的水体表示方法。它利用与水面有关的物体来表现水体,这些物体包括水生植物、水上活动工具、驳岸码头、石块、水纹等,见图 3.23。

图 3.22 平涂法

图 3.23 添景物法

3.2.2 水体立面表示方法

在立面上,水体的表现采用线条法、留白法和光影法。

3.2.2.1 线条法

线条法是用细实线或虚线勾画水体造型的表现方法。线条的方向应与水体流动方向保持一致,且线条应清晰、肯定,表现水体的轮廓和水花形态,不要反复填描,见图 3.24。

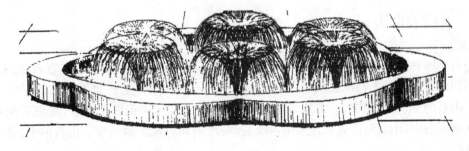

图 3.24 线条法

3.2.2.2 留白法

留白法是将水体背景或配景画暗,水体部分留白,从而衬托出水体造型的手法,见图3.25。留白法通常用来表现水体的光亮纯净,主要用于效果图中。

3.2.2.3 光影法

光影法是指用线条和色块综合表现出水体轮廓和阴影的方法,主要用于效果图中,见图3.26。

图 3.25　留白法

图 3.26　光影法

3.3　山石的表示方法

　　山石是园林造景中的重要元素。石材的种类繁多,常用的有湖石、黄石、青石、卵石、石笋等。不同的石材其形态特征、纹理色泽、质感都不一样,因此表现方法也不相同。

　　在山石的平、立面图中,通常用线条勾勒轮廓,轮廓线用中粗线宽绘制,纹理采用细线勾绘。在剖面图中,山石断面轮廓线采用粗线宽,石块断面可加上斜纹线。山石的平、立面和剖面图见图 3.27。

(a) 平面　　　　　　　(b) 立面　　　　　　　(c) 剖面

图 3.27　山石平面图、立面图、剖面图

3.3.1 湖石

湖石是经过溶融的石灰岩。这种山石的特点是纹理纵横,脉络起隐,石面上遍多坳坎,称为"弹子窝",很自然地形成沟、缝、穴、洞,窝洞相套,玲珑剔透。画湖石时,首先用曲线勾画出湖石轮廓线,再用随形体线表现纹理的自然起伏,最后着重刻画出大小不同的洞穴,为了画出洞穴的深度,常常用笔加深其背光处,强调洞穴中的明暗对比。湖石见图 3.28(a)。

3.3.2 黄石

黄石是一种带橙黄颜色的细砂岩。山石形体顽夯,见棱见角,节理面近乎垂直,雄浑沉实,平正大方,块钝而棱锐,具有强烈的光影效果。画黄石多用平直转折线,表现块钝而棱锐的特点。为加强石头的质感和立体感,在背光面带常加重线条或用斜线加深,与受光面形成明暗对比。黄石见图 3.28(b)。

3.3.3 青石

青石是一种青灰色的细砂岩,就形体而言,多呈片状,又有"表石片"之称。画青石时要注意刻画多层片状的特点,水平线条要有力,侧面用折线,石片层次要分明,搭配要错落有致。青石见图 3.28(c)。

3.3.4 石笋

石笋是指外形修长如竹笋的一类山石的总称。画石笋时以表现其垂直纹理为主,可用直线或曲线。要突出石笋修长之势,掌握好长宽比。石笋细部的纹理要根据石笋特点来刻画。石笋见图 3.28(d)。

3.3.5 卵石

卵石体态圆润,表面光滑,画时多以曲线表现外轮廓,见图 3.28(e)。

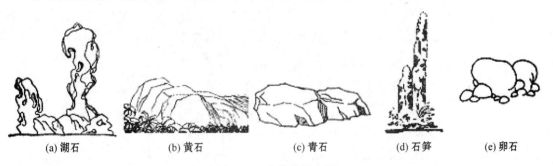

(a) 湖石　　　　(b) 黄石　　　　(c) 青石　　　　(d) 石笋　　　　(e) 卵石

图 3.28　各类常见山石

3.4　道路的表示方法

园林道路的表示主要分为平面表示和断面表示。道路断面图主要用于在施工设计中,它的绘制需要具备园林工程、工程材料和工程结构的相关知识。因此,本节主要讲授道路平面的表示方法。

道路平面表示的重点在于道路的线型、路宽及路面铺装式样。

3.4.1　道路平面图绘制步骤

绘制道路平面图的基本步骤如图 3.29 所示:

(1) 确立道路中线。

(2) 根据设计路宽及绘图比例确定道路边线。

(3) 确定转角处的转弯半径或其他衔接方式,并酌情绘制路面材料。

图 3.29　道路平面图绘制步骤

3.4.2　铺装纹样

园林中,道路是多种多样的,其路面铺装纹样设计也多种多样。常见路面铺装纹样见图 3.30。

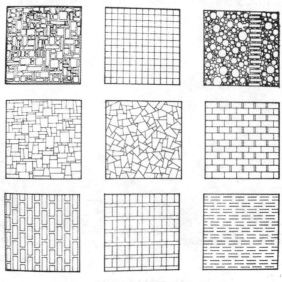

图 3.30　铺装纹样

3.5 其他要素的表示方法

　　园林的建筑、小品在表示时通常采用平面、立面、剖面、效果图相结合的方式,详细地表示其各方面的形态特征和总体效果。如果形态简单,也可以只采用其中的部分图纸进行表示。下面就以实例展示其他园林要素的表示方式。

3.5.1 建筑的表示方式

　　园林建筑包括亭、廊、花架、园桥等各种形式,可采用平面、屋顶平面、立面、剖面、效果图结合进行表示,见图 3.31～图 3.35。

图 3.31 建筑屋顶平面图

图 3.32 亭的立面图

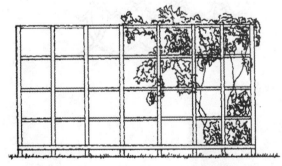

图 3.33 花架立面图、效果图

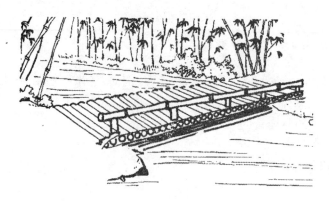

图 3.34   园桥效果图(一)

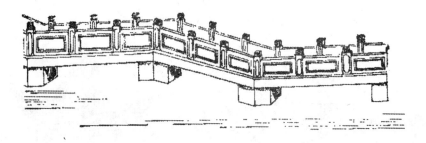

图 3.35   园桥效果图(二)

3.5.2   园林小品的表示

园林小品包括园桌凳、花坛、园灯、栏杆、标牌等,通常也是采用平、立、剖、效果图相结合的方式进行表现。常见建筑小品的表示见图 3.36~图 3.40。

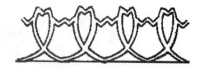

图 3.36   栏杆立面图

图 3.37   园灯立面图、效果图

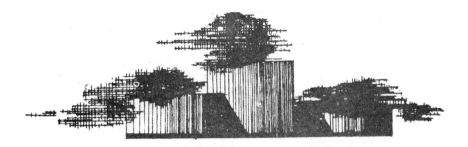

图 3.38　花坛立面图

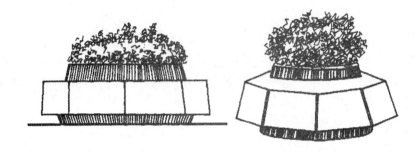

图 3.39　花坛立面图、效果图

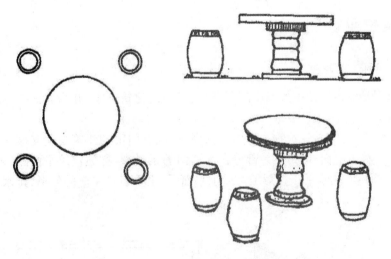

图 3.40　桌凳平、立、效果图

思考与练习

1. 选择园林植物、水体、山石的平面、立面图例进行摹绘，注意平面、立面图例风格的一致性。

2. 测绘某典型园林绿地，选择合适的比例绘制其平、立、剖面图，注意图中园林要素的正确表达。

4 平面、立面和剖面图

【本章导读】

本章主要介绍平面、立面、剖面图的图示原理,建筑平面、立面、剖面图的绘制方法、内容与绘制要求,使学生能够准确、熟练地绘制平面、立面、剖面图,为后续课程的学习奠定良好基础。

4.1 建筑平面、立面及剖面图

4.1.1 建筑平面图

4.1.1.1 平面图的形成

建筑平面图是建筑设计中最基本的图纸,用于表现建筑方案,并为立面、剖面以及以后的设计提供依据。

用一假想的水平面,沿建筑物窗台以上的高度(没有门窗的建筑超过支撑柱部位)进行水平切割,切开后,移去上面部分,剩余部分在水平面的正投影,称为建筑平面图,也可简称平面图,见图4.1。而屋面的水平正投影图为屋顶平面图,主要表示屋面的外形、排水分区、屋面坡

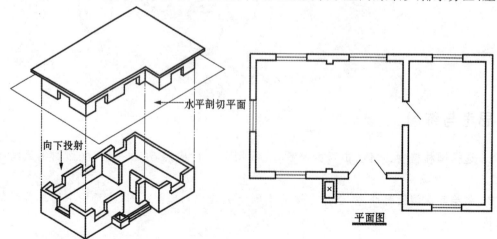

图 4.1 平面图形成示意图

度、雨水口、天沟位置等,见图 4.2。

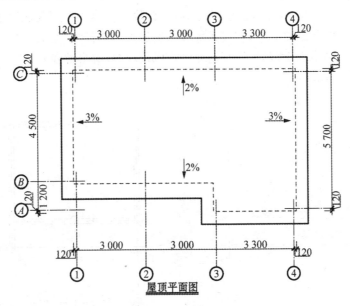

图 4.2　屋顶平面图

　　一栋多层的建筑物若每层的布置各不相同,则每层都应画平面图。如果其中有几个楼层的平面布置相同,可以只画一个标准层的平面图。

　　平面图可以表明建筑物的平面形状、房间的组合与分隔及长、宽尺寸,墙的厚度、柱的断面形状与尺寸,门、窗、楼梯、台阶等的位置及宽度等。平面图还应标注必要的尺寸、标高以及有关说明。

4.1.1.2　平面图的绘制内容

　　根据住建部颁布的《建筑工程设计文件编制深度规定》(2008 年版),建筑设计图纸中平面图应表示的内容如下:

　　(1) 平面的总尺寸、开间、进深尺寸或柱网尺寸。

　　(2) 各主要使用房间的名称。

　　(3) 结构受力体系中的柱网、承重墙位置。

　　(4) 各楼层地面标高、屋面标高。

　　(5) 底层平面图应标明剖切线位置和编号,并应标示指北针。

　　(6) 必要时绘制主要用房的放大平面和室内布置。

　　(7) 图纸名称、比例或比例尺。

4.1.1.3　平面图的绘制步骤

　　建筑平面图一般可采用 1 ∶ 50、1 ∶ 100、1 ∶ 150、1 ∶ 200、1 ∶ 300 的比例绘制,根据确定的比例和图面大小,选用适当图幅,留出标注尺寸、轴线编号等所需位置,平面图力求图面布置匀称。平面图的方向宜与总图一致。作图步骤及要求如图 4.3 所示:

　　(1) 画出定位轴线和附加定位轴线或墙体中心线,见图 4.3(a)。

（2）画出内外墙厚度见图 4.3(b)。

（3）画出门窗位置、宽度、柱的位置、大小；画出台阶、楼梯等其他可见轮廓线，见图 4.3(c)。

（4）加深墙、柱的剖断轮廓线，按线条等级依次加深其它各线，见图 4.3(d)。

（5）标注尺寸、画出剖切符号，绘制指北针或风玫瑰图；编写轴线号；注写图名、比例，注写相关文字说明见图 4.3(e)。

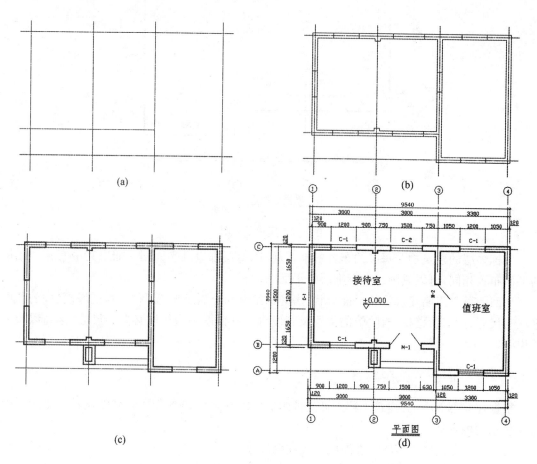

图 4.3　平面图绘制步骤

建筑图中的图线应粗细有别、层次分明。被剖切到墙、柱等的断面轮廓线用粗实线绘制，在 1∶50 或更大比例的平面图中需用细实线画出粉刷层厚度。没有剖切到的可见轮廓线，如窗台、台阶、楼梯段及扶手等用中粗线画出。尺寸标注用细实线画出。

4.1.1.4　平面图的绘制要求

方案设计阶段的建筑平面图，一般只标注轴线尺寸和总尺寸。标出各楼层地面标高、首层平面应标明±0.000 及室外地坪标高。指北针应绘制在建筑物±0.000 标高的平面图上，且位置明显。

熟悉建筑平面图中的图例，绘制时要遵守相关制图规范。

4.1.2 建筑立面图

4.1.2.1 立面图的形成

立面图主要表示建筑物的外观,门、窗的位置和大小,墙面材料等,可以用于确定方案,并作为设计和施工的依据。

用三面投影可以得到建筑物几个面的外观,水平投影所得视图为屋顶平面图,正面和侧面投影所得到的视图即为立面图,见图 4.4。立面图有正立面和侧立面之分,正立面是建筑物的主要立面。立面图也可以按朝向分为东立面、西立面、南立面、北立面。立面图的名称也有以立面图两端的轴线编号命名的,如①~③轴立面图等。

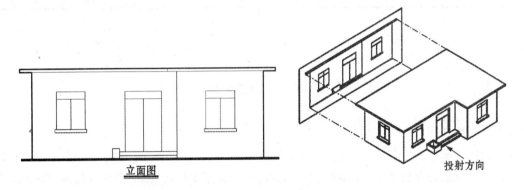

图 4.4 立面图形成示意

4.1.2.2 立面图的绘制内容

根据住建部颁布的《建筑工程设计文件编制深度规定》(2008 年版),建筑设计图纸中立面图应表示的内容如下:

(1) 各主要部位和最高点的标高或主体建筑的总高度。

(2) 当与相邻建筑(或原有建筑)有直接关系时,应绘制相邻建筑或原有建筑的局部立面。

(3) 图纸名称、比例或比例尺。

4.1.2.3 立面图的绘制步骤

立面图体现建筑物造型的特点,选择绘制一两个有代表性的立面。立面图可以以平面图为基础绘制,立面图的常用比例与平面图相同。

立面图作图步骤如图 4.5 所示:

(1) 画室内外地平线,外墙体的结构中心线,外墙厚度及屋顶高度、屋面构造厚度,见图 4.5(a)。

(2) 画出门、窗、洞口位置与高度,出檐宽度及厚度,见图 4.5(b)。

(3) 画出门、窗、墙面、台阶等的细部投影线并按线条等级依次加深相应各线条,见图 4.5(c)。

(4) 标注标高、编写轴线号、绘制配景,注写图名、比例,见图 4.5(d)。

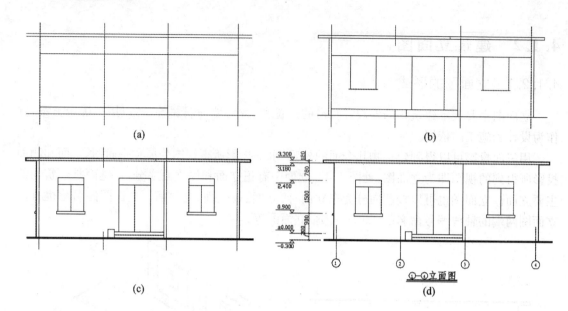

图 4.5 立面图绘制步骤

4.1.2.4 立面图的绘制要求

立面图上地平线用最粗而深的线,外轮廓线用较粗、较深的线,建筑外轮廓内主要分层次的线(如檐口线、独立柱子等)用中粗、中深的线,次要分层次的线(如门窗外框线等)用较细、较浅的线,门窗扇线更细、更浅一些,表示墙面材料分划的线用最细、最浅的线。

立面图中应标注主要部位的标高,如出入口地面、室外地平、檐口、屋顶等处,标注时应注意排列整齐,力求图面清晰,首层室内地平标高为±0.000。

熟悉建筑立面图中的图例,绘制时要遵守要求。见附表构造及配件图例。

为了衬托建筑的艺术效果,根据总平面图的环境条件,通常在建筑物的后部和两侧绘出一定的配景,如花草、树木、山石等。绘制时可采用概括画法,力求风格一致、比例协调、层次分明。

4.1.3 建筑剖面图

4.1.3.1 建筑剖面图的形成

剖面图表示建筑体室内空间的高度、空间分隔、墙厚、门窗高度和窗台、地平高度等。

用一假想的垂直面,将建筑物铅垂切割(切割面应垂直于切割到的墙面),切开后,移去一部分,另一部分在切割面上的正投影图称为建筑剖面图,见图 4.6。

剖切位置一般选在高度和层数不同、内部结构有代表性的或空间变化较复杂的部位,且剖切位置根据需要可转折一次。

简单的建筑物只要一个剖面图即能表示清楚,而复杂的建筑则需在几处按不同方向将建筑物切开,绘出几个剖面图才能表示所设计建筑物的情况。

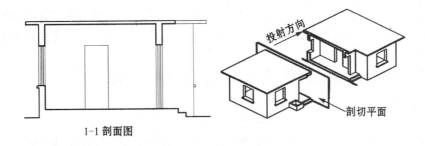

图 4.6　剖面图形成示意

4.1.3.2　剖面图的绘制内容

根据住建部颁布的《建筑工程设计文件编制深度规定》(2008 年版),建筑设计图纸中剖面图应表示的内容如下:

(1) 标高及室外地面标高,室外地面至建筑檐口的总高度。

(2) 若遇有高度控制时,还应标明最高点的标高。

(3) 剖面编号、比例或比例尺。

4.1.3.3　剖面图的绘制步骤

剖面图的绘制可参考立面图,作图步骤如图 4.7 所示:

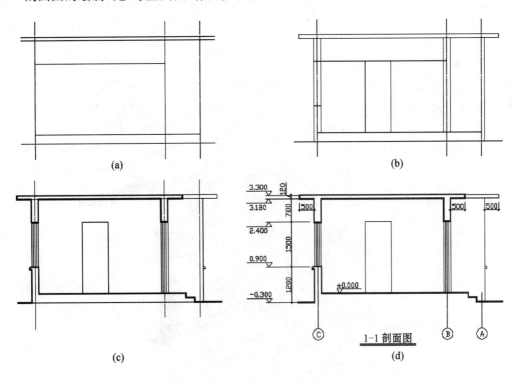

图 4.7　剖面图绘制步骤

(1) 画室内外地平线,在其上作墙体和屋顶结构中心线,定出墙体厚度及屋面构造厚度,见图 4.7(a)。

（2）画出门、窗、洞口位置与高度，出檐宽度及厚度，墙面上门、窗投影轮廓线，见图 4.7(b)。

（3）画出门、窗、墙面、台阶等的细部可见投影线。加深剖断轮廓线，按线条等级依次加深其他各线，见图 4.7(c)。

（4）标注标高、编写轴线编号、注写图名、比例，见图 4.7(d)。

4.1.3.4　剖面图绘制要求

剖切到的墙、柱断面轮廓线用粗实线绘制，其余部分图线与立面图图线相同。

建筑剖面图应标注建筑物主要部位的标高，所注尺寸应与平面图、立面图吻合，注意排列整齐，力求图面清晰；为了定位和阅读方便，剖面图中标明出与平面图编号相同的轴线；剖面图的名称应与平面图的剖切符号编号一致。

熟悉建筑剖面图中的图例，绘制时要遵守相关制图规范。

4.2　园景的平面、立面、剖面图

4.2.1　园景平面、立面、剖面图的形成

山石、水体、植物和构筑物是构成园林的四大要素。园林中景物的平面图、立面图、剖面图是由以上这些要素的水平面（或水平剖面）和立（剖）面的正投形所形成的视图，见图 4.8。地

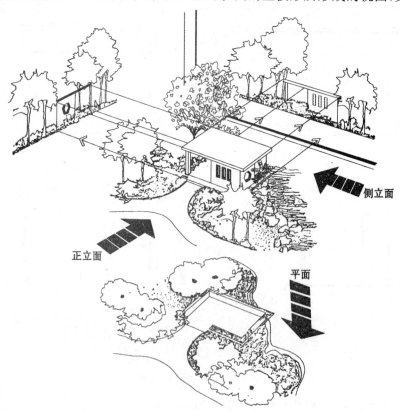

图 4.8　园景的平面、立面图的形成

形在平面图上用等高线表示,在立面或剖面图上用地形轮廓线或剖断线表示。

　　园景剖面图是指某园景被一假象的铅垂面剖切后,沿某一剖切方向投形所得到的视图,其中包括园林建筑、构筑物和园林小品等的剖面,见图4.9、图4.10。但在只有地形剖面时,应注意园景立面和剖面图的区别,因为某些园景立面图上也可能有地形剖断线。通常园景剖面图的剖切位置应在平面图上标示出来,且剖切位置必定处在园景图中,在剖切位置上沿正反两个剖视方向均可得到反映同一园景的剖面图,但立面图沿某个方向只能作出一个。如果园景比较复杂,可以多作几个剖面图表示。

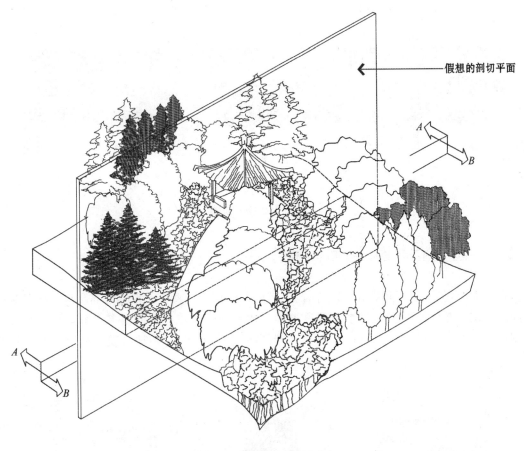

假想的剖切平面

图 4.9　园景剖面图的形成

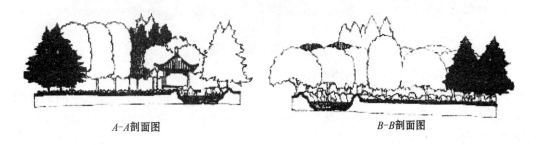

A-A剖面图　　　　　　　　　　　　B-B剖面图

图 4.10　园景剖面图

4.2.2　园景平面图的作用

在风景园林设计图中,平面图是最重要的。这是因为园林设计的布局和结构、景观和空间构成以及诸设计要素之间的关系,都可以通过平面图表示出来,同时通过元素间的尺寸关系还可以精确地表达出物体与空间的水平关系。图4.11是一条道路的平面图,它较好地反映了该道路绿化的布局特点。

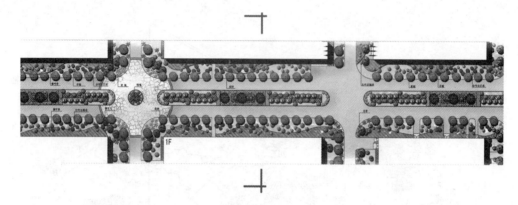

图 4.11　某道路平面图

4.2.3　园景立面图、剖面图的作用

在平面上,除了使用阴影和层次外,没有其他方法来显示垂直元素的细部及其与水平形状之间的关系。在描述设计构想时,通常需要表达比平面图所能显示的更多内容,而借助剖、立面图可以达到这个目的。图4.12是某道路的剖面图,它形象、直观地反映了该道路的空间变化特点。

图 4.12　某道路剖面图

园景立面图、剖面图的作用具体有:

(1) 园景立面图、剖面图可显示各要素间的空间关系,如植物的高矮搭配、空间的开朗与封闭在立面图或者剖面图都很容易表现,因此在园林设计中绘制立面图或是剖面图,会使得空间特性更明确。见图4.13。

(2) 可显示平面图无法显示的内容。

一般来讲,剖面图有两个不可或缺的特性:一是有一条明显的剖面轮廓线;另外,同一比例

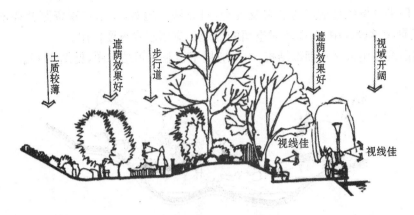

图 4.13 某滨河绿地剖面图

绘制的所有垂直物体,不论它距此剖面线多远,都将绘出。

剖面图与平面图上剖断符号的位置和剖切方向是一一对应的,例如我们可以在剖面图上说明其相对应的平面上的切线位置,如图 4.14 中亲水平台剖面图,同时也可以在平面上直接标出剖面切线的剖视线方向,见图 4.15。

图 4.14 亲水平台剖面图

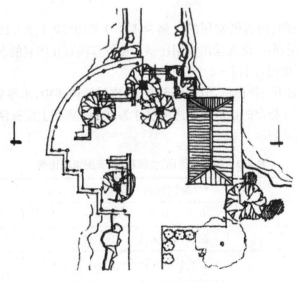

图 4.15 亲水平台平面图

（3）可用来分析优越地点的景观及视野,研究地形地貌,显示景观资源及环境条件,见图4.16。在风景园林设计中,剖面图对空间的处理和应用起到重要作用。

（4）剖面图可用来展示细部结构,主要应用于绘制工程结构图,见图4.17。

图4.16   自然景观剖面图

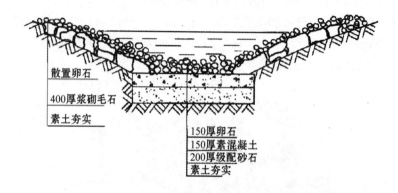

图4.17   工程结构图

4.2.4   园景平面图、立面图、剖面图常用的比例

园景平面图、立面图、剖面图常用的比例为 $1:1×10^n$、$1:2×10^n$、$1:5×10^n$,见表4.1。其他比例也可以用,但应优先选用常用比例。比例宜注写在图名的右侧,比例数字应与图名字的底线取平,字高比图名小1~2个字号。

通常一个图形只能用一种比例,但在地形剖面、建筑结构图中,水平和垂直方向的比例有时可以不同,施工时应以指定的比例或标注的尺寸为准。平面图上应标注方向,可用指北针表示,大型场地可用风玫瑰表示。

表4.1   园景平面图、立面图、剖面图常用比例

图纸名称	常用比例	可用比例
总 平 面 图	1:500、1:1000、1:2000	1:2500、1:5000
平、立、剖面图	1:50、1:100、1:200	1:150、1:300
详 图	1:1、1:2、1:5、 1:10、1:20、1:50	1:25、1:30、1:40

思考与练习

1. 平面图是怎样形成的？图示内容有哪些？线条等级如何划分？

2. 立面图是怎样形成的？图示内容有哪些？线条等级如何划分？

3. 剖面图是怎样形成的？图示内容有哪些？线条等级如何划分？

4. 摹绘教材中的建筑的平面、立面、剖面图。注意区分线条等级，并按照制图规范完成相关标注。

5. 测绘某园景地形，完成园景平面、立面、剖面图的绘制。

5 轴 测 图

【本章导读】

三面正投影图能准确地反映物体的形状、大小,是表现物体的主要图示方法,但缺点是直观性差,缺乏立体感,未经专业训练的人不太能看懂。轴测图由于具有较好的直观性和立体感,同时可以按投影变化规律来度量物体的大小,作图简便,易于掌握,所以常作为辅助图和效果图使用。

5.1 轴测图的基本知识

5.1.1 轴测图的相关概念

用平行投影法将物体连接确定其坐标的直角坐标系一起投影到一个投影面上,在该投影面上得到的能同时反映物体 3 个方向的面的投影图称为轴测投影图,简称轴测图,见图 5.1。

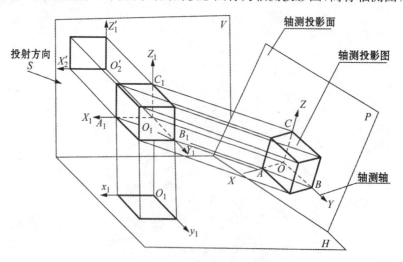

图 5.1 轴测图的形成

承接投影的面 P 称为轴测投影面,三个直角坐标轴 O_0X_0、O_0Y_0、O_0Z_0 在轴测投影面上的投影 OX、OY、OZ 称为轴测轴,三个轴测轴之间的夹角 $\angle XOY$、$\angle XOZ$、$\angle YOZ$ 称为轴间角。

轴测轴上单位长度与相应直角坐标轴上的单位长度之比,称为该轴的轴向伸缩系数,X、Y、Z坐标轴上的轴向伸缩系数分别用 p、q、r 表示,即:

OX 轴的轴向伸缩系数:$p=OA/O_0A_0$;

OY 轴的轴向伸缩系数:$q=OB/O_0B_0$;

OZ 轴的轴向伸缩系数:$r=OC/O_0C_0$。

5.1.2 轴测图的分类

根据投射方向与轴测投影面之间的角度,轴测投影可分为两类,即正轴测图和斜轴测图。

正轴测图:投射方向与轴测投影面垂直。

斜轴测图:投射方向与轴测投影面倾斜。

根据轴向伸缩系数的不同,上述两类轴测图又可分为正(斜)等测、正(斜)二测、正(斜)三测。

正(斜)等测:三个轴向伸缩系数均相等,即 $p=q=r$。

正(斜)二测:其中两个轴向伸缩系数相等,即 $p=q\neq r$ 或 $q=r\neq p$ 或 $p=r\neq q$。

正(斜)三测:三个轴向伸缩系数互不相等,即 $p\neq q\neq r$。

这些轴测图中,正等测、正二测、斜等测、斜二测是工程中常用到的轴测图类型,本章着重介绍这几种轴测图。

5.1.3 常用轴测图的基本参数

5.1.3.1 正等轴测图

物体相互垂直的三个坐标轴与轴测投影面的倾斜角度相同时所形成的轴测投影为正等测轴测图。由于正等测中三个坐标轴与投影面的倾角相同,故三个轴的轴向伸缩系数也相同(都为 0.82,为简化作图都采用 1),即 $p=q=r=1$。三个轴间角也相同,均为 120°,见图 5.2。

5.1.3.2 正二轴测图

物体相互垂直的三个坐标轴中的两个坐标轴与轴测投影面的倾斜角度相同时所形成的轴测投影为正二测轴测图。轴间角如图 5.3 所示,Z 轴为铅垂线,X 轴与水平线夹角 $7°10'$,Y 轴与水平线夹角 $41°25'$。轴向伸缩系数 $p=r=0.94$,$q=0.47$,为简化作图采用 $p=r=1$,$q=0.5$。

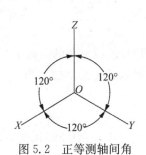

图 5.2 正等测轴间角

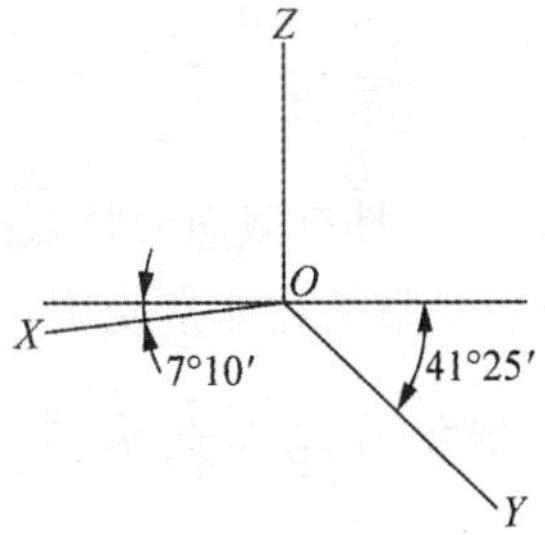

图 5.3 正二测轴间角

1）正面斜轴测图

物体正立面平行于轴测投影面（此时的轴测投影面为铅垂面），投影线与轴测投影面倾斜时所形成的轴测投影为正面斜轴测。在正面斜轴测中，由于正立面平行于轴测投影面，故正立面在轴测投影中反映实形。X 轴与 Z 轴间夹角 $90°$，X 轴常为水平线，Z 轴常为铅垂线，Y 轴与水平线间夹角可为 $30°$、$45°$ 或 $60°$，一般常取 $45°$ 见图 5.4。当轴向伸缩系数取 $p=q=r=1$ 时，称为正面斜等测图；当轴向伸缩系数取 $p=r=1$，$q=0.5$ 时，称为正面斜二测图。

2）水平斜轴测图

物体的水平面平行于轴测投影面（此时的轴测投影面为水平面），投影线与轴测投影面倾斜时所形成的轴测投影为水平斜轴测。由于物体的水平面平行于投影面，故水平面在轴测投影中反映实形。X 轴与 Y 轴夹角为 $90°$，X 轴与水平线的夹角通常采用 $30°$，Y 轴与水平线的夹角为 $60°$ 见图 5.5。当轴向伸缩系数取 $p=q=r=1$ 时，称为水平斜等测图；当轴向伸缩系数取 $p=r=1$，$q=0.5$ 时，称为水平斜二测图。

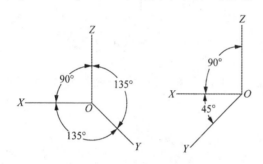

图 5.4　正面斜轴测轴间角

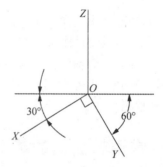

图 5.5　水平斜轴测轴间角

5.2　轴测参数的选择

轴测图能直观的反应物体的立体形状，作图简便，使用广泛，但每种轴测图所表现的视角和呈现出的效果是不同的，这就需要在作图时根据物体的形态特征来进行选择。

5.2.1　轴测图类型的选择

确定用何种轴测图类型来表现物体时应考虑三个方面：

5.2.1.1　作图简便

一般情况下，具有截面形状复杂的柱类物体常用斜二测图，使较复杂的截面平行于轴测投影面。外形较平整的物体常使用正等测图。立体感很强的物体可选择正二测图。

5.2.1.2　避免遮挡内部构造

轴测图要尽可能将内部构造表达清楚，如图 5.6 所示。正等测图中的圆孔部分被遮挡，而正二测图能很好地表现圆孔构造。

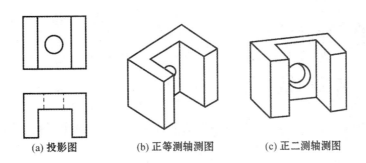

(a) 投影图　　　(b) 正等测轴测图　　　(c) 正二测轴测图

图 5.6　避免遮挡内部构造

5.2.1.3　避免转角处的交线投影成一条线

有些物体外形轮廓的交线恰好位于与 V 面成 45°倾角的铅垂面上（多为正四棱柱和正四棱锥体），这个平面与正等测投影的方向平行，在正等测图中会形成与铅垂轴平行的直线，因此这类物体最好不采用正等测图表现，见图 5.7。

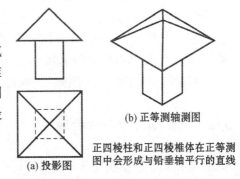

(b) 正等测轴测图

正四棱柱和正四棱椎体在正等测图中会形成与铅垂轴平行的直线

(a) 投影图

图 5.7　避免转角处的交线投影成一条线

5.2.2　投影方向的选择

在作图时，任何一个物体都可以从不同的方向进行投影得到轴测图，常用的投影方向有四种，分别是从左、前、上方向右、后、下方投影，见图 5.8(a)；从右、前、上方向左、后、下方投影，如图 5.8(b)；从左、前、下方向右、后、下方投影，如图 5.8(c)；以及从右、前、下方向左、后、下方投影，如图 5.8(d)。应考虑物体的形状特征选择投影方向。

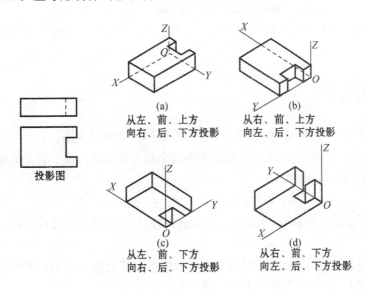

图 5.8　轴测投影常用的四个投影方向

5.3　轴测图的画法

5.3.1　坐标法绘制轴测图

轴测图的绘制采用坐标法,应遵循轴测图的平行性和度量性两个原则,就是利用平行性和度量性,确定各点在轴测坐标系统中的位置。

根据物体(或视图)上各特征点在直角坐标系的坐标位置,应用轴测图的平行性和度量性,在轴测坐标系统中找出每一特征点相应的位置,连接各点,即得轴测图。

在确定坐标系统时,一般将坐标原点设在特征面的某一角点或对称中心点,尽可能使坐标轴通过比较多的特征点。这样有利于简便作图。在作图时,应遵循以下两个基本特性:

(1) 平行性:物体(或视图)上相互平行的线段,在轴测图中也相互平行。

(2) 度量性:只有平行于坐标轴的线段,其长度可以度量。

5.3.2　轴测图作图步骤

根据形体的正投影图画其轴测投影时,作图的一般步骤为:

(1) 读懂三视图,进行形体分析,并确定形体上直角坐标系的位置。

(2) 选择合适的轴测图种类与观察方向,选择合适的作图比例,确定轴向伸缩系数,并绘制轴测轴。

(3) 根据平行性和度量性,找出特征面上各特征点在轴测图的位置,连接各特征点,画出特征面的轴测图。

(4) 根据平行性和度量性,画出其他特征点的轴测图。

(5) 检查底稿是否有误,加深图线,完成轴测图。在轴测图中不可见部分通常省略,而不画虚线。

5.3.3　作图实例

【例 5.1】　已知组合形体的投影图,见图 5.9,求作正等测轴测图。

【分析】　从投影图中可知,该形体是由大小两个长方体相减而成。在绘制轴测图时,也可采用相减的方法绘制。

【作图步骤】

(1) 在投影图上确定坐标轴的位置。为度量方便,可把原点定在物体的右下角后方特征点处。

(2) 按照正等测轴测图参数,绘制轴测轴。根据平行性与度量性,在 OX 轴上和 OY 轴上分别丈量大长方体长度 O 和宽度 C,作出矩形,见图 5.9(a)。

(3) 过矩形各顶点做铅垂方向竖线,并根据正等测轴测图的轴向伸缩系数,量取高度 h,完成大长方体的绘制,见图 5.9(b)、图 5.9(c)。

（4）根据两个长方体间的距离 a 和小长方体的长 n、宽 b 和高度 h，从底平面 OY 轴开始，绘制小长方体，见图 5.9(d)。

（5）保留两长方体相减后的部分，擦去多余图线后描深，不可见的部分不必画出，见图 5.9(e)。

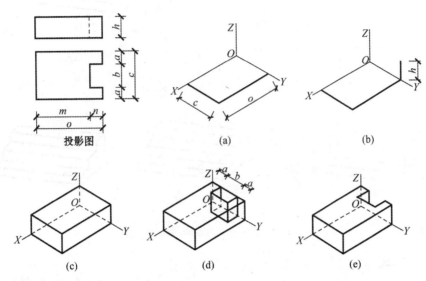

图 5.9　正等测轴测图绘制方法

【例 5.2】　已知组合形体的投影图，见图 5.10，求作正二测轴测图。

【分析】　从投影图中可知，该形体为三级踏步。绘制时注意正二测轴测图轴间角的绘制和轴向伸缩系数 $q=0.5$。

【作图步骤】

（1）在投影图上确定坐标轴的位置。为度量方便，可把原点定在物体的右下角后方特征点处。

（2）按照正二测轴测图参数，绘制轴测轴，见图 5.11(a)。根据平行性、度量性和正二测轴测图的轴向伸缩系数，在 OX 轴上和 OY 轴上分别丈量踏步的长度 a 和总宽度 $b/2$，作出矩形图 5.11(b)。

（3）过矩形各顶点做铅垂方向竖线，并量取各级踏步高度，完成踏步的绘制图 5.11(c)、图 5.11(d)。

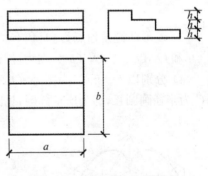

图 5.10　组合形体的投影图

（4）擦去多余图线后描深，不可见的部分不必画出图 5.11(e)。

【例 5.3】　求作圆的正等测轴测图画法，见图 5.12。

【分析】　当圆处于正平、水平、测平位置时，圆的正等测图均为椭圆，椭圆的简化画法如下：

【作图步骤】

（1）在投影图中画出圆的外切正方形，a、b、c、d 为切点，见图 5.12(a)。

（2）作外切正方形的正等测图，得一菱形，见图 5.12(b)。

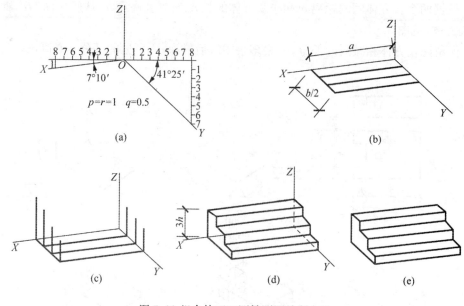

图 5.11　组合体正二测轴测图绘制方法

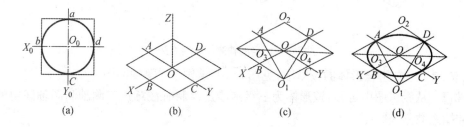

图 5.12　圆的正等测图画法

（3）菱形两钝角顶点为 O_1 和 O_2，连接 O_1A 和 O_1D（或 O_2B、O_2C）与两锐角顶点的连线交于 O_3 和 O_4，O_1、O_2、O_3、O_4 分别为椭圆的四个圆心，见图 5.12(c)。

（4）分别以 O_1 和 O_2 为圆心、O_1A 或 O_2B 为半径画圆弧，再以 O_3 和 O_4 为圆心、O_3A 或 O_4C 为半径画圆弧，即为所求椭圆，见图 5.12(d)，其中 A、B、C、D 为四段圆弧的连接点。

处于正平和侧平位置圆的正等测图画法与上述方法相同，但要注意椭圆长、短轴的方向，见图 5.13。

【例 5.4】　已知拱形门的投影图，见图 5.14(a)，求作其正面斜二测。

【分析】　该拱形门由门身和顶板两部分组成，做轴测图时，需注意各部分在 OY 轴方向的位置。拱门的主要特征出现在正立面，绘制轴测类型为正面斜轴测，所以画图时可选择正立面为特征面首先绘制。

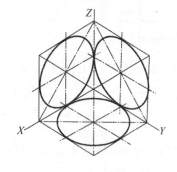

图 5.13　圆的正等测图

【作图步骤】

（1）按实形画出前墙面，再根据正面斜二测轴测图的轴间角绘制出 OY 轴方向线，见图 5.14(b)。

(2) 完成门身的轴测图绘制,注意正面斜二测图的轴向伸缩系数 $q=0.5$,见图 5.14(c)。

(3) 在墙面的基础上画出顶板,完成整个轴测图,加深图线,见图 5.14(d)。

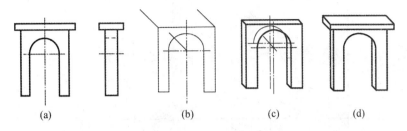

图 5.14 拱门的正面斜二测图画法

【例 5.5】 水平斜轴测图的绘制,绘制建筑群的水平斜等测图,见图 5.15。

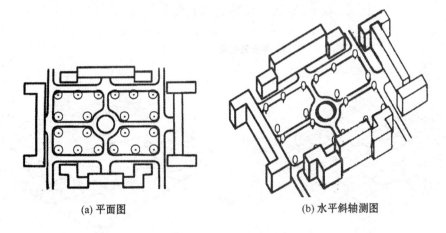

(a) 平面图　　　　　　　　　　　(b) 水平斜轴测图

图 5.15 水平斜轴测图的绘制

【作图步骤】

(1) 将已知的建筑群平面图,图 5.15(a)逆时针旋转 30°。

(2) 过平面图的各个顶点向上作垂线。

(3) 在各垂线上截取空间物体的高度,并连接。

(4) 加深图线,完成轴测图绘制,见图 5.15(b)。

【例 5.6】 景园正等测轴测图的绘制,见图 5.16。

【作图步骤】

(1) 将已知的景园平面图图 5.16(a)布置上方格网,并对方格网纵向、横向坐标进行编号。

(2) 绘制正等测轴测轴,选择景园轴测图的投影方向,按选定方向将方格网的纵向、横向坐标转入轴测轴中。

(3) 将平面图中各特征点按坐标位置标注于轴测方格网中,完成平面图的转绘。先画硬质景观的平面,再标出植物种植点位置。见图 5.16(b)。

(4) 根据各景物的高度和绘图比例,将轴测图绘制完毕。植物按照其立面特征进行写实表达。

(5) 进行检查,擦除被遮挡的部分,加深图线,完成轴测图绘制。见图 5.16(c)。

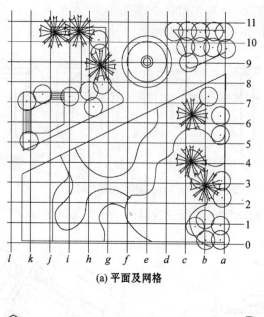

(a) 平面及网格

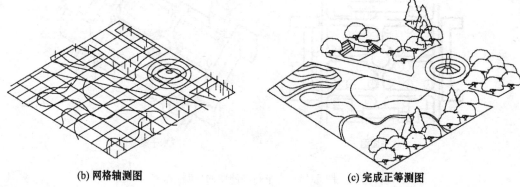

(b) 网格轴测图　　　　　　　　　(c) 完成正等测图

图 5.16　景园正等测轴测图的绘制

思考与练习

1. 根据图 5.17 中的投影图绘制其正等测轴测图。

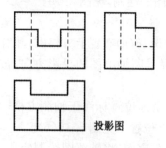

投影图

图 5.17

2. 根据图 5.18 中的投影图绘制花窗的正二测轴测图。

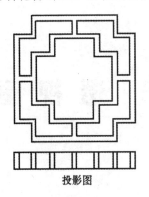

投影图

图 5.18

3. 根据图 5.19 中的投影图,判断物体特性,自行选择轴测图类型和投影方向进行绘制。

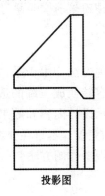

投影图

图 5.19

6 透视图

【本章导读】

透视图是风景园林设计中表现设计效果的一类图。本章主要介绍透视图的基本知识、特点及透视图不同的画法,进而培养学生学习风景园林设计应具备的透视知识和技能,为将来的专业知识学习打好基础。

透视图是园林设计中最常用的表现方法。由于平、立面图较抽象,设计内容不容易明确、直观地反映出来,因此,需要将平面内容转换成三维的透视图。这样就能直观、逼真地反映设计意图,便于沟通和交流,同时还能展示设计内容和效果,有助于设计者对形体和尺度等作进一步的推敲,使设计得到不断的改进和完善。本章在介绍透视基础知识的基础上,重点介绍视线法、量点法、网格法等几种常用的透视图作图方法。

6.1 透视基础知识

6.1.1 透视概述

6.1.1.1 透视现象

透视(perspective),源于拉丁语中的 perspectiva,是日常生活中极常见的现象,如透过透明玻璃观看物体时,因视距不同会产生近大远小、近高远低、近疏远密等现象,这些均为透视现象,见图 6.1。

6.1.1.2 透视形成的原理

15 世纪末、16 世纪初德国建筑师阿尔布莱切特·丢勒(Albrecht Durer,1471～1528)把几何学运用到造型艺术中去。在他的《圆规直尺测量法》(*Under wegsungder Merssung middem Zyrked und Rychtscheyd*,1525)一书中,用木刻版画介绍了为求得正确透视图而设计的几种不同装置,见图 6.2。

从投影学角度看,透视图是中心投影图,即以人眼瞳孔(投影中心)为视点向物体引视线(投射线)与画面相交,这些交点的集合就形成了透视投影,见图 6.3。所以,将人眼视为投射中心时,空间几何元素在投影面上的中心投影称为透视投影或透视图,简称透视图。

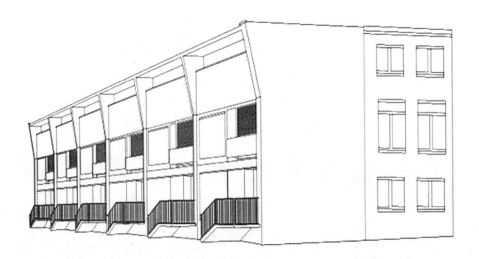

图 6.1 透视现象

图 6.2 用直线装置得到透视图(丢勒)

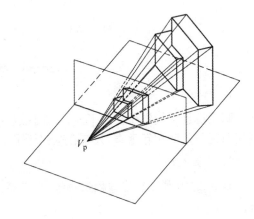

图 6.3 透视形成原理

6.1.1.3 透视学的发展概况

透视学是一门在平面上研究如何把看到的物体投影成形,即研究在平面上立体造型的规律的学科。透视学的渊源可追溯到古希腊和古罗马时期,但真正成为一门科学,是从文艺复兴时期的 15 世纪 20 年代开始的。

15 世纪初,意大利佛罗伦萨建筑师菲利波·布鲁内莱斯基(Filippo Brunelleschi,1377～1446)将欧几里得的视觉理论应用于绘画上,创立了"视线迹点法",成为最早发现并创立透视理论的人。建筑师阿尔贝蒂(Leon Baptista Alberti,1404～1472)在其《绘画论》中,详细系统地论证了透视原理,并于 1436 年首次提出了透视网格法(即距点平行透视网格图),成为第一位系统论述透视学理论的人。自此之后,透视图成为众多设计领域传统的设计表现方法之一。

6.1.2 透视作图术语

在绘制透视图时,常用到一些作图术语,见图 6.4。

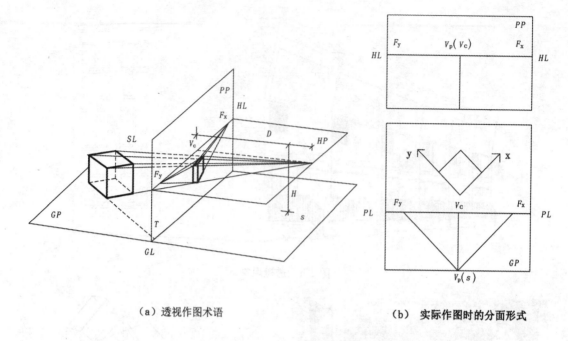

（a）透视作图术语 　　　　　（b）　实际作图时的分面形式

图 6.4　透视的作图术语

1）画面 PP

画面指景物投影所在的平面,即在视点与物体之间假设的透明平面,用来截取透明图像。画面通常与基面相互垂直,只有在倾视情况下才不垂直。

2）基面 GP

基面指物(如园景或建构筑物等)坐标系 XYZ 中的 XY 坐标面,通常取与水平面或地面重合。

3）基线 GL/PL

基线指画面与基面的交线。它是确定视平线高度和物体位置远近的基准线,也是物体透视线的起线。

基线在画面上时用 GL 表示,在基面上时用 PL 表示。

4）视点 Vp

视点指人眼所处的空间位置,即视线的投影中心。

5）视平面 HP

视平面指人眼高度所在的水平面。视平面与画面无论在什么情况下都相互垂直。

6）视平线 HL

视平线指视平面与画面的交线,是一条水平线。

7）视高 H

视高指视点到基面的距离。

8）视距 D

视距指视点到画面的垂直距离。

9) 视中心点 Vc

视中心点指视点在画面上的正投影,该点必定落在视平线上。

10) 站点 S

站点指观者的站立位置,也是视点 Vp 在基面上的正投影。

11) 视线 SL

视线指视点和物体上各点的连线。

12) 灭点 F

和画面不平行的直线向远处延伸到无限远时,消失为一点,该点称为灭点。

与画面平行的线是没有灭点的。

13) 迹点 T

迹点指不与画面平行的空间直线与画面的交点,在透视图中均用 T 表示。

6.1.3 透视种类

设想物体为具有长、宽、高的空间体,根据其三个方向的轮廓线与画面 PP 的位置关系,透视图可分为三种类型,即一点透视、两点透视、三点透视,见图 6.5。

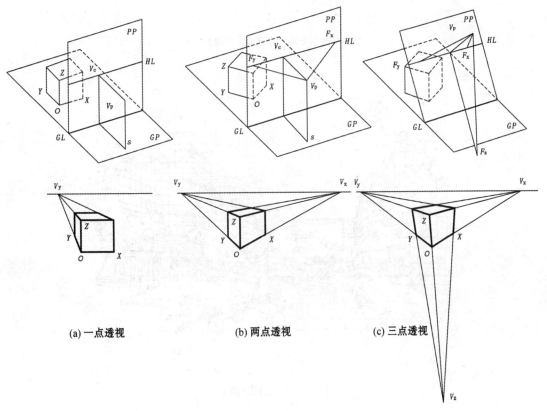

(a) 一点透视　　　(b) 两点透视　　　(c) 三点透视

图 6.5　透视图类型

6.1.3.1 一点透视

空间体有一个面与画面平行时所形成的透视称为一点透视见图 6.5(a)。

一点透视中,只有一个灭点,并且其灭点就是心点 Vc。一点透视较适宜表现场面宽广或纵深较大的景观,如长廊、庭园和街景等见图 6.6、图 6.7;同时,在室内透视也常用这种方法表现,见图 6.8。

图 6.6　一点透视(长廊)

图 6.7　一点透视(街景)

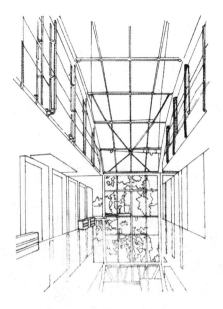

图 6.8 一点透视(室内)

　　另外,一点透视有一种变体的画法,即在心点的一侧另设一个虚灭点,使原先与画面平行的面向虚灭点倾斜,称为斜一点透视,见图 6.9。由于斜一点透视具有改变一点透视平滞、缺乏生气的效果,因而在建筑和室内设计中有广泛的应用。图 6.10 就是斜一点透视。

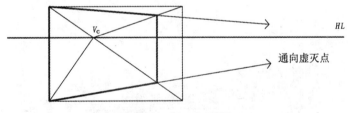

图 6.9 斜一点透视

图 6.10 斜一点透视的应用

6.1.3.2　两点透视

　　空间体与画面成一夹角时所形成的透视称为两点透视,也称为成角透视,见图 6.5(b)。两点透视是空间体的两组水平线形成了两个灭点。它是应用最多的透视画法,因为它更符合于人的视觉规律,展示的视域范围更广,见图 6.11、图 6.12。

图 6.11　两点透视(街景)

图 6.12　两点透视(广场)

6.1.3.3　三点透视

　　画面与基面非垂直关系时,空间体的三个主方向都不与画面平行,所形成的透视称为三点透视,图 6.5(c)、图 6.13 即是三点透视。三点透视一般用于高层建筑、仰视图或俯视图。但三点透视很难求得,很少有人去一点一点求后再手绘。

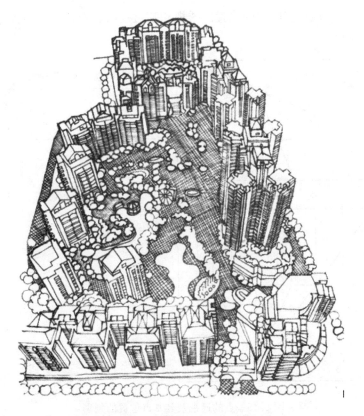

图 6.13　三点透视(高层建筑)

6.1.4　透视的基本规律

6.1.4.1　空间点透视的基本规律

空间任意点 A 在基面上的正投影 a，称为点 A 的基点。从视点引向点 A 和 a 的视线分别交画面于 A_1 和 a_1 两点，它们分别是点 A 的透视和基透视，见图 6.14。

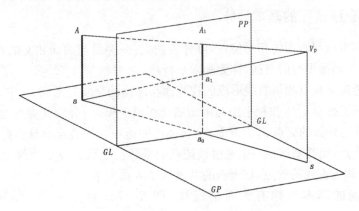

图 6.14　点的透视图解

一般情况下,点在透视空间中的位置由透视和基透视两点确定,两点在画面上位于同一条铅垂线上,见图6.15。

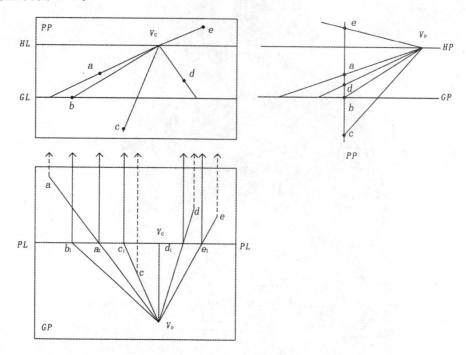

图6.15　点的透视及其基点位置的判别

空间点透视的基本规律:

(1) 基透视在基线的上方,则点在画面后方,并且离视平线越近,点离画面的位置就越远,如图6.15中 a 与 d 点。

(2) 基透视在基线下方,则表明该点在画面前方,见图6.15中 c 点。

(3) 基透视在基线上,则点就在画面上,见图6.15中 b 点。

(4) 透视在视平线以上的点,位于视平面以上,见图6.15中 e 点;透视在视平线以下的点,位于视平面以下,见图6.15中 a、b、c、d 点。

6.1.4.2　空间直线透视的基本规律

空间直线按照直线与画面的相对位置,可分为两类:一类是与画面相交的直线,称为画面相交线;另一类是与画面平行的直线,称为画面平行线。

空间直线的透视是视点和该直线形成的视平面与画面的交线。图6.16中,从视点向空间直线 AB 及其基面正投影 a_1b_1 作视平面与画面的交线 AB 和 ab,分别称为直线 AB 的透视和基透视。直线 AB 与画面的交点 T 为画面迹点,迹点的透视就是迹点本身。直线的透视一定通过直线的画面迹点,而其基透视一定通过该迹点的基面正投影 ta_1b_1。直线上离画面无限远的点的透视 FAB 称为直线的灭点,该灭点的基透视 fab 称为基灭点。

空间直线透视的基本规律有画面平行线(图6.17)、真高线(图6.18)、画面相交线(图6.20)三种。

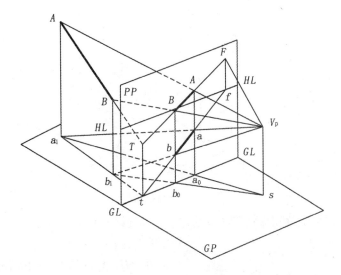

图 6.16 直线透视图解

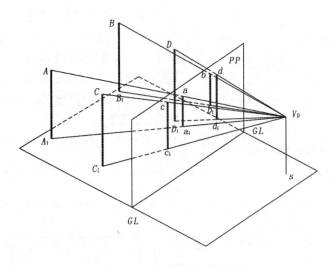

图 6.17 平行直线的透视规律

1) 画面平行线的透视规律

(1) 与画面平行的直线,透视亦和原直线平行。

(2) 一组与画面平行的平行线的透视仍保持平行,且等距的、等长直线,透视也等长。

(3) 当画面在直线和视点之间时,等长相互平行直线的透视长度距离画面远的小于距画面近的,即"近大远小"。

2) 真高线

图 6.18 中的铅垂线 Bb 的透视就是其本身,它能反映该铅垂线的真实长度,故被称为真高线,常用 TH 表示。

高线 Aa_1 的透视高度为 Aa,高线 Aa_1 的正投影 $Bb = Aa_1$,Bb 是透视直线 Aa 的真高线。

借助真高线,可确定不在画面上的直线的透视高度。只要已知基透视和实长,就可以在视平线上任选一点来确定透视高度。

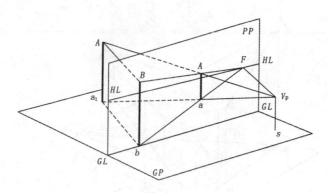

图 6.18　真高线图解

【例 6.1】　已知 A_0 距基面高度为 L，基透视 a，求透视 A，见图 6.19。

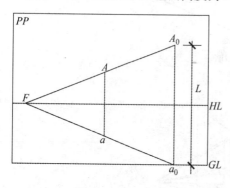

图 6.19　真高线求做透视（一）

【作图步骤】

（1）在 HL 上任取一点 F，作直线 Fa，交 GL 于 a_0。

（2）过 $a0$ 作 GL 的垂线 A_0a_0，且 $A_0a_0=L$。

（3）连接 F 和 A_0 两点，过 a 点作 HL 垂线，与 F、A_0 相交于 A，即为透视 A 点。

【例 6.2】　已知三条高线 L_1、L_2、L_3 和基透视 a、b、c 三点，求作透视高度 Aa、Bb、Cc，见图 6.20。

【作图步骤】

（1）在 HL 上任取一点 F，作直线 Fe_0，交 GL 于 e_0。

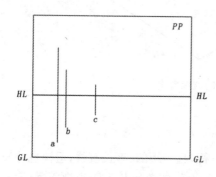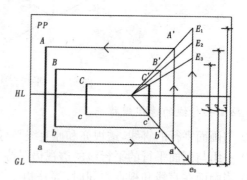

图 6.20　真高线求作透视（二）

（2）过 e_0 点作 GL 的垂线（作为真高线），并在 Ee_0 上截取 $E_1e_0=L_1$、$E_2e_0=L_2$、$E_3e_0=L_3$。

（3）作直线 Fe_0，过点 a、b、c 分别作 GL 的平行线，交 Fe_0 于点、b'、c'。

（4）作直线 FE_1、FE_2、FE_3，过点 a' 作 GL 的垂线，与 FE_1 交于点 A'；过点 b' 作 GL 的垂线，与 FE_2 交于点 B'；过点 c' 作 GL 的垂线，与 FE_3 交于点 C'。

（5）过点 a、b、c 分别作 GL 的垂线，过 A'、B'、C' 分别作 HL 的平行线，它们分别交于点

A、B、C,即得透视 Aa、Bb、Cc。

3）画面相交线的透视规律

凡是相互平行的画面相交线,透视消失到同一点,这一点是从视点作与该直线平行的视线和画面的交点,这一点称为灭点。见图 6.21。

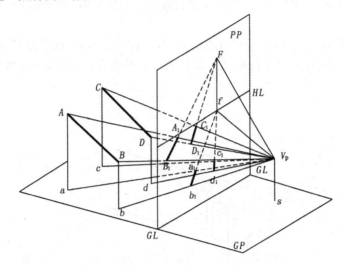

图 6.21　空间相交线透视规律

6.1.4.3　空间面透视的基本规律

空间面的透视可以用确定平面的几何元素来表示,也可以用平面的迹线和灭线表示。

图 6.22 中,平面 Q 和画面 PP 的交线称为平面迹线 Q_p,平面和基面的交线称为基面迹线 Q_H,基面迹线的透视为 Q_h,平面上非固有直线的透视称为平面的灭线 Q_f。

一个平面的画面迹线(Q_p)、基面迹线的透视 Q_h 和画面灭线 Q_f 间有以下关系:

（1）平面的迹线和灭线相互平行,即 Q_p // Q_f。

（2）平面迹线和基面迹线的透视交于基线上一点,即 Q_p 交 Q_h 于 Q_T 点,并且 Q_T 位于基线 GL 上。

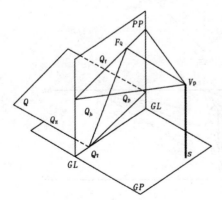 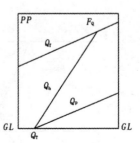

图 6.22　图解空间面的透视

（3）平面的灭线和基面迹线的透视交于视平线上一点，即 Q_f 交 Q_h 于 F_Q。

空间面的透视规律有以下几条，见图 6.23：

（1）与基面 GP 平行的平面，其灭线就是视平线，如平面 $ABCDEFGH$ 和平面 $abcdefgh$ 的透视消失线为视平线 HL。

（2）和画面 PP 平行的平面，透视没有消失线，如平面 $ABba$ 和平面 $EefF$ 的透视没有消失线。

（3）与基线 GL 垂直的平面，透视过心点 V_C 且与视平线垂直，如平面 $CcdD$ 和平面 $GghH$ 的透视过视中心点 V_C 且垂直于视平线。相互平行的平面有共同的灭线，如平面 $AahH$ 平行

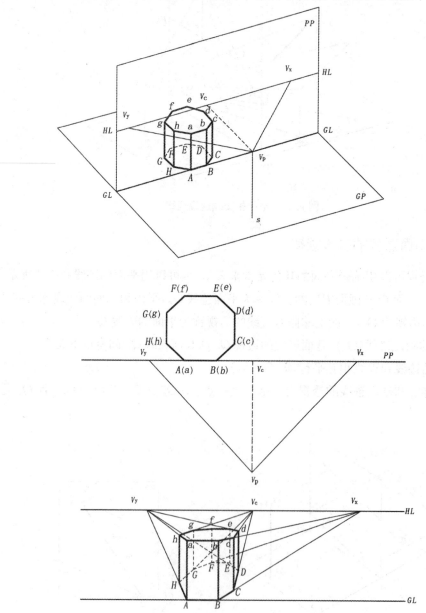

图 6.23　空间面透视的基本规律

于平面 $DdeE$，两平面透视属于视平线上一个灭点的线束，平面 $BbcC$ 平行于平面 $GgfF$，两平面透视属于视平线上一个灭点的线束。

6.1.5　透视参数的选择

为使透视图能准确反映事物，景物不产生扭曲和变形，在绘制透视图时要处理好视点、画面和景物之间的关系，这几种关系的处理，主要靠视域、视距、视中心点的位置、视高以及画面倾斜角来确定。

6.1.5.1　视域

图 6.24 中，以人眼（视点 V_p）为顶点，以中心视线为轴线的锥面称为视锥，视锥的顶称为视角 θ，视锥面与画面交线所形成的区域称为视域。

经测定，人眼的视域接近椭圆，其长轴是水平的，其水平视角可达 $120°\sim148°$，垂直视角可达 $110°$。但只有靠近中轴线（即视中线）的较小部分才能被看清，其范围为水平视角 $54°$，垂直视角 $28°$，这部分称为"清晰视域"，看不清楚的部分叫"模糊视域"。

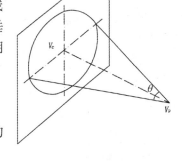

图 6.24　视域图解

6.1.5.2　视距 D

当其他透视参数一定时，视点距画面的远近决定了视角的大小，也决定了物体形状的透视变化。在图 6.25 中：

（1）当视角 θ 约等于 $60°$ 时，因视距较小，两个方向灭点距离较近，水平视线的透视急剧收敛，底面两棱线的夹角小于 $90°$，侧面变得狭窄，显然有失真的感觉；

（2）当视角 θ 约等于 $23°$ 时，当视距越远，视角越小时，两个主向灭点相距较远，水平棱线的透视趋平缓，侧面透视显得越宽阔，给人以开阔舒展、平稳庄重的感觉。

因人眼视觉最清晰的视觉范围约为 $28°\sim37°$，所以绘制透视图时，视距选择可参照以下原则：

（1）可根据画面宽度（指物体大小）来决定视距，一般在 $1\sim2$ 倍。

（2）一般尽量选择视距 1.5 倍，视角约为 $30°\sim40°$，这时视角处于最大清晰度，透视效果较均匀、全面。

（3）如果空间受限，视角可大于 $60°$，但不宜超过 $90°$，否则透视会失真。

6.1.5.3　视中心点位置(V_C)

视中心点的选择要考虑到能使透视图代表性地反映所绘内容。一般：视中心点位置选择的原则是：

（1）透视应如实反映景物的长、宽、高之间的比例关系。如图 6.26(b) 中，两个侧面的透视与物体长宽比例接近，故心点位置比较合理；如图 6.26(c) 中长宽比例相反，失去真实感，视中心点位置选择不合适。

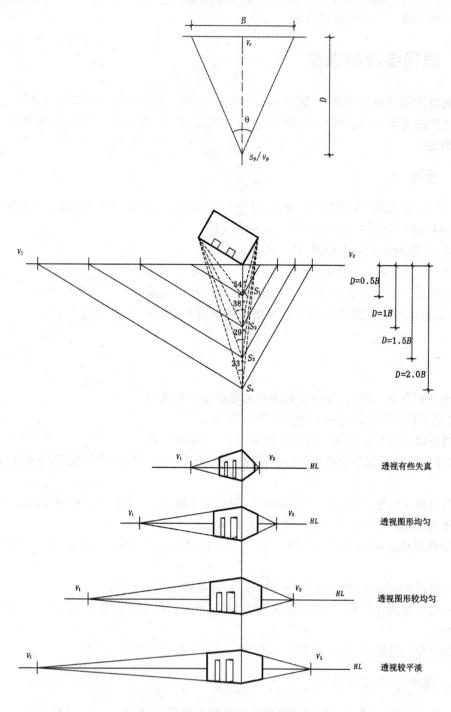

图 6.25　视距对透视的影响

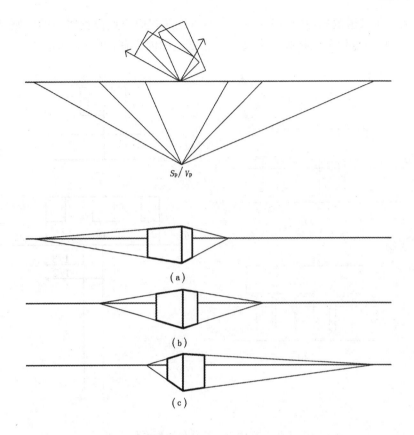

图 6.26 视中心点选择与透视关系(一)

（2）当景物两主向 X 轴和 Y 轴尺寸接近相等时,视中心点选择不宜位于画面中心(或偏角不宜接近 $45°$)。因为此时两侧面透视轮廓对称,容易给人感觉构图呆板,见图 6.27。

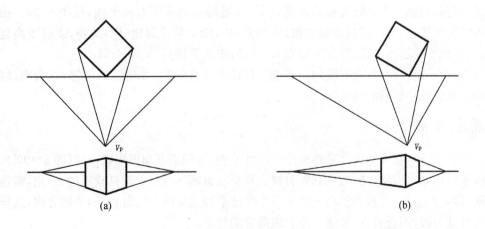

图 6.27 视中心点选择与透视关系(二)

（3）为保证所求透视的均匀，在选择视点时可按照视中心点位置居中的原则；但为能全面地反映景物，可将视点处于景物画幅中央 1/3 宽度范围内为宜，见图 6.28。

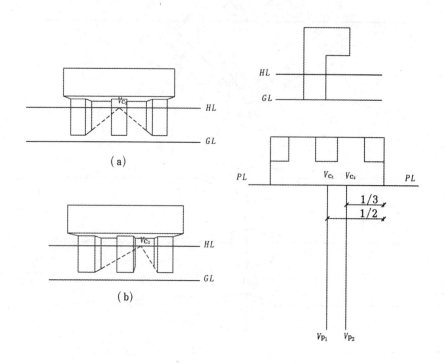

图 6.28　视中心点选择与透视关系（三）

6.1.5.4　视高(H)

常视点的视高以人站立时人眼的高度为准，通常为 1.5~1.8m，以符合人们习惯的视觉效果，显得逼真、自然。为加强透视的表现效果，可适当抬高或降低视平线，见图 6.29。抬高视平线可以扩大视界，更广泛地表现景物，见图 6.30；绘制高耸的建(构)筑物，或位于高处的物体时，可将视平线适当降低，以表现其高大、雄伟、庄重等特点，见图 6.31。

当然，在一定视距内，视平线的抬高或降低幅度是有限的，视角以不超过 60°为准，以免失真；否则，就应该用倾斜的画面。

6.1.5.5　画面倾角

在图 6.32 中，在表达高大景物或位于高处景物、选用垂直画面来表达时(即 $\alpha=90°$)，为使景物位于视角 60°的视锥之内，就必须将视点移至较远的 S_2 点；若选择较近的 S_1 点，需选用倾斜画面(即 $\alpha=110°$)，使视锥抬高角度 β 约 20°，使景物完全位于视角 60°的视锥之内，这样的透视符合视觉习惯，不会失真，又能充分表现高耸的气势。

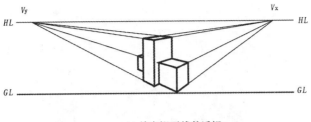

(a)抬高视平线的透视

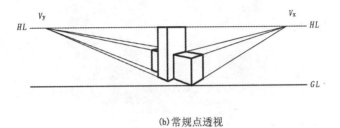

(b)常规点透视

(c)降低视平线的透视

图 6.29　视平线的抬高与降低

图 6.30　抬高视平线的透视效果

图 6.31　降低视平线的透视效果

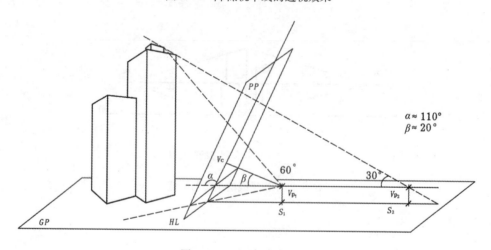

图 6.32　画面倾角的选择

6.2　透视图基本画法

6.2.1　视线法

6.2.1.1　基本原理

视线法可以说是利用直线的消失特性辅以视线的基投影(视线沿与基面垂直方向投射)而求透视的一种方法。在图 6.33 中:

(1) 求作基点和灭点。由空间直线透视规律可知,空间直线 AB 的灭点是直线离画面无穷远的点的透视。因此,从视点 V_p 向直线无穷远的点作视线,也就是从视点 V_p 作直线 AB

的空间平行线,平行线与画面的交点 F_{AB} 即为直线 AB 的灭点。

　　(2) 求作透视方向。空间直线 AB 的透视方向是由直线 AB 在画面上的迹点和灭点连线 TF 所决定;同样,直线 AB 的基透视则是由其基面正投影 ab 在画面上的迹点和灭点连线 tf 所决定。

　　(3) 在画面 PP 垂直基面 GP 的情况下,空间直线的基灭点 f_{ab} 必定在视平线 HL 上;此外,空间直线在画面 PP 上的透视、基透视、灭点、基灭点的连线相互平行,且垂直于基线 GL 上。

　　(4) 在应用视线法作透视图时,常采用分面形式,见图 6.33(b)。首先在画面 PP 上定出灭点和基点,并连接起来,然后从视点的基面正投影向 ab 作视线交画面线 PL 于 a_0、b_0,向上引线分别交 TF 和 tf 于 A、B 和 a、b 四点,AB、ab 即为直线 AB 的透视和基透视。

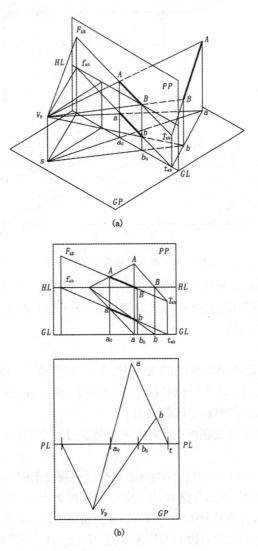

图 6.33　视线法求透视的基本原理

6.2.1.2　基本作图步骤

用视线法求作景物透视,可以归结为是求其轮廓线、转折点的透视。

【例 6.3】　已知高度 H 的立方体,垂直画面 PP 和视点 V_p 位置,见图 6.34,求作立方体的透视图。

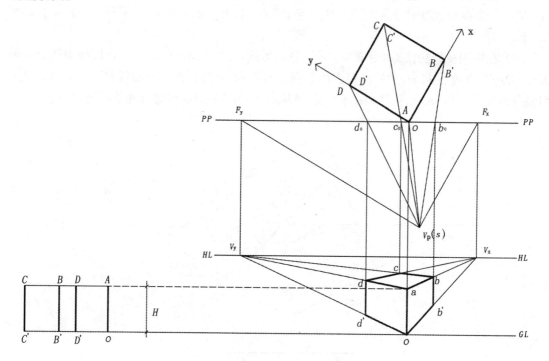

图 6.34　视线法的基本作图步骤

【分析】　由条件可知,立方体垂直高度边 OA 平行于画面 PP,并且垂直于基线 GL,与其平行的一组垂直线其透视仍保持平行;与立方体长、宽边平行的两组水平线,其透视分别相交于视平线上的两个灭点 V_x、V_y。

【作图步骤】

(1) 确定立方体长、宽两组水平线的灭点 V_x、V_y。过视点 V_p 作 $OB(B)$、$OD(D)$ 的平行线,分别交画面 PP 于 F_x、F_y 两点,分别过 F_x、F_y 两点作基线 GL 的垂直线,交视平线 HL 于 V_x、V_y,即求出立方体长、宽两组水平线的灭点。

(2) 确定各轮廓线的基透视在画面 PP 上的位置。过视点 V_p 连接立方体的各轮廓线,分别交画面 PP 于点 O、b_0、c_0、d_0。

(3) 确定透视方向。根据"一组平行的画面相交线透视交于同一个点"的原理,立方体长、宽两组水平线灭点分别是 V_x、V_y,其透视线一定分别经过灭点 V_x、V_y。过 O 点作基线 GL 的垂线,交基线 GL 于 O 点,分别连接 OV_x 与 OV_y,确定立方体长、宽底边水平线的透视方向。

(4) 确定真高线。立方体垂直边 OA 位于画面 PP 上并且垂直于基线 GL,其透视高度就是其自身真实高度。因此,OA 可作为求作立方体透视的真高线,在过 O 点的垂直线上直接量取 $Oa=H$,分别连接 a 点与 V_x、V_y,确定立方体长、宽顶边水平线的透视方向。

(5) 确定其他透视点位置。分别过 b_0、d_0 点作基线 GL 的垂线,与透视线 OV_x、aV_x、OV_y、

bV_y 分别交于 b、b'、d、d' 四点,连接 bb'、dd',确定垂直边的具体透视位置。

(6) 连接各相应的透视点,完成透视求作。

6.2.1.3 量高的基本原理

量高是求垂直线的透视高度,其基本原理是:

(1) 在画面 PP 上的铅垂线等于真高,在求任意位置垂直线的透视高度时,该铅垂线可作为量高线 TH,如图 6.35 所示。

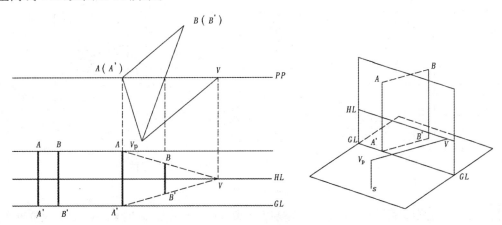

图 6.35 量高的基本原理(一)

【例 6.4】 已知画面 PP、视点、视高以及基面 GP 上等长垂直线 AA'、BB' 的位置和高度,其中 AA' 位于画面 GP 上。求作直线 AA'、BB' 的透视。

【作图步骤】

① 垂直线 AA' 在画面 PP 上,其透视高度等于实长,可作为量高线 TH。

② 在平面图上连接 AB 和 $A'B'$,因 $AA' = BB'$,所以 AB 和 $A'B'$ 为相互平行的水平线,它们透视消失于一点,该点称为消失点或灭点(V)。

③ 在平面图上过视点 V_p 作 AB 的平行直线,交画面 PP 于 V 点,过 V 点引垂线与视平线 HL 交于 V 点,V 点为 AB 、$A'B'$ 透视的消失点。

④ 过视点 V_p 连接 $V_pB(B')$,与画面 PP 相交,过交点引垂线与透视图上 AV 和 $A'V$ 相交,即得到 B、B' 两点,BB' 为所求透视。

(2) 不在画面上,任意位置垂直线透视高度可自该垂线一端作任意和画面相交的水平线为辅助线,由辅助线和画面 PP 的交点引垂线,在透视画面上,该垂线可作为量高线 TH。作辅助线的消失点,并在量高线上量得真高,即可求出不在画面上的其他垂直线的透视高度,见图 6.36、图 6.37。

【例 6.5】 已知画面 PP、视点、视高以及基面 GP 上等长垂直线 AA'、BB' 的位置和高度(图 6.36)。求作直线 AA'、BB' 的透视。

【作图步骤】

① AA'、BB' 都不在画面上,在平面图上连接 AB、$A'B'$ 为辅助线,交画面 PP 于 $C(C')$ 两点,CC' 为画面上的垂直线,可作为量高线 TH,CC' 与 AA'、BB' 等长。

② 在平面图上过视点 V_p 作 AB 的平行直线,交画面 PP 于 V 点,过 V 点引垂线与视平线

HL 交于 V 点,V 点为 AB 、$A'B'$ 透视的消失点。

③ 过视点 V_p 连接 $V_PA(A')$、$V_PB(B')$,与画面 PP 相交,过交点引垂线与透视图上 CV 和 $C'V$ 相交,即得到 AA'、BB' 四点,AA'、BB' 为所求透视(其中 AA' 为垂直线与 CV、$C'V$ 延长线的交点)。

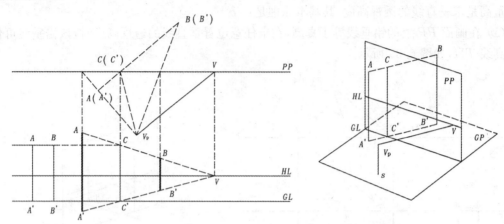

图 6.36   量高的基本原理(二)

【例 6.6】   已知画面 PP、视点 V_p、视高以及基面 GP 上等长垂直线 AA'、BB' 的位置和高度,见图 6.37,求作直线 AA'、BB' 的透视。

【作图步骤】

① AA'、BB' 都不在画面上,在平面图上连接 AB、$A'B'$ 为辅助线,延长辅助线交画面 PP 于 CC' 两点,CC' 为画面上的垂直线可作为量高线 TH,CC' 与 AA'、BB' 等长。

② 在平面图上过视点 V_p 作 AB 的平行直线,交画面 PP 于 V 点,过 V 点引垂线与视平线 HL 交于 V 点,V 点为 AB 、$A'B'$ 透视的消失点。

③ 过视点 V_p 连接 $V_PA(A')$、$V_PB(B')$,与画面 PP 相交,过交点引垂线与透视图上 CV 和 $C'V$ 相交,即得到 AA'、BB' 四点,AA'、BB' 为所求透视。

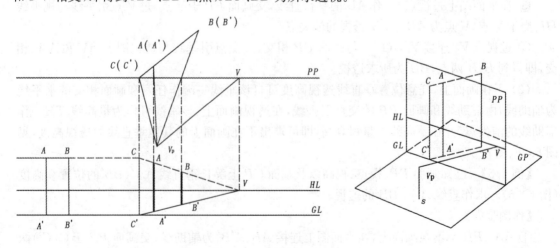

图 6.37   量高的基本原理(三)

（3）和量高线 TH 在同一垂面上的垂线，可用同一消失点、不同量高线作出垂线的透视，如图 6.38。

【例 6.7】 已知画面 PP、视点 V_p、视高和基面 GP 上垂直线 AA'、BB'、CC' 的位置和高度，见图 6.38。求作直线 AA'、BB'、CC' 的透视。

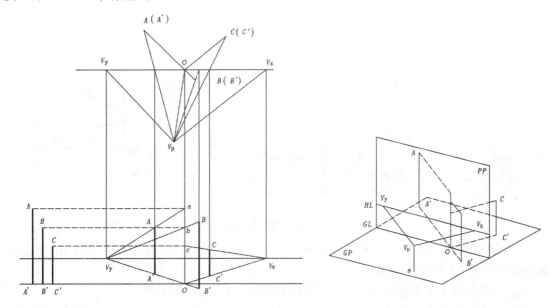

图 6.38 量高的基本原理（四）

【作图步骤】

① 在平面图上连辅助线 $A(A')B(B')$，交画面 PP 于 O 点，连辅助线 $OC(C')$。

② 自 O 点引垂线交基线 GL 与 O 点，为量高线 TH。

③ 在平面图上，过视点 V_p 作 OC、AB 的平行线，分别与画面 PP 相交，由交点引垂线交视平线 HL 于 V_x、V_Y 两点。

④ 在量高线 TH 上量取 $oa=AA'$、$ob=BB'$、$oc=CC'$。

⑤ 在平面图上过视点 V_p 分别连接 $V_pA(A')$、$V_pB(B')$、$V_pC(C')$，与画面 PP 相交，过交点分别引垂线交透视线 OV_Y、aV_Y 于 AA'，OV_Y、bV_Y 延长线于 BB'，交 OV_x、CV_x 于 CC'，AA'、BB'、CC' 为所求透视。

（4）过量高线 TH 的垂面称为量高面，不在量高面上垂线的透视，可过该垂线作一垂面与量高面相交，通过交线上垂线的透视高度而求出垂线所在位置的透视，见图 6.39 中 BB'、CC' 两点。

【例 6.8】 已知画面 PP、视点 V_p、视高以及基面 GP 上垂线 AA'、BB'、CC'、DD' 的平面位置和高度。求作直线 AA'、BB'、CC'、DD' 的透视。

【作图步骤】

① 在平面图上连辅助线 $A(A')D(D')$，交画面 PP 于 O 点；过 $C(C')$ 点作画面 PP 的平行线，交辅助线 $A(A')D(D')$ 于 C_0C_0' 点；过 $B(B')$ 作任意辅助线交辅助线 $A(A')D(D')$ 于 B_0B_0' 点。

② 在平面图上自 O 点引垂线交基线 GL 于 O 点，为量高线 TH。

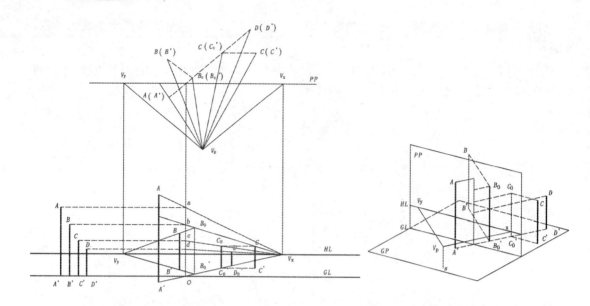

图 6.39　量高的基本原理(五)

③ 在平面图上,过视点 V_p 作辅助线 AD、BB_0 的平行线,分别与画面 PP 相交,由交点引垂线交视平线 HL 于 V_x、V_Y 两点。

④ 在量高线 TH 上量取 $oa=AA'$、$ob=BB'$、$oc=CC'$、$od=DD'$。

⑤ 在平面图上过视点 V_p 分别连接 $V_pA(A')$、$V_pB_0(B_0)$、$V_pC_0(C_0')$、$V_pD(D')$,分别交透视线 OV_x、aV_x 延长线于 AA' 两点,交透视线 OV_x、bV_x 于 B_0B_0' 两点,交透视线 OV_x、cV_x 于 C_0C_0' 两点,交透视线 OV_x、dV_x 于 DD' 两点。

⑥ 连接 V_YB_0、V_YB_0',在平面图上连接视点 V_p 与 $B(B')$ 交画面 PP,过交点引垂线交 V_YB_0、V_YB_0' 于 BB' 两点。

⑦ 过透视点 C_0、C_0' 作水平线,在平面图上连接视点 V_p 与 $C(C')$ 交画面 PP,过交点引垂线交水平线于 CC' 两点。

⑧ AA'、BB'、CC'、DD' 为所求透视。

6.2.1.4　视线法求作透视图举例

【例 6.9】　已知视高、画面 PP 及视点位置、柱子平面及柱高,见图 6.40,求作柱子的透视。

【作图步骤】

(1) 在画面上定出 HL、GL、画面垂直线的灭点 V_c;在适当的位置定出 PL 与柱子的平面。

(2) 作画面垂直线的透视。作柱子与基线 PL 相切部分的立面(可作为量高线 TH 看待),并与心点 V_c 相连,求出画面垂直线的透视方向线,如图中直线 $V_ca(a')$。

(3) 作画面平行线的透视。分别连接 bV_p、cV_p 交 PL 于 b'、c' 两点,过 b'、c' 作垂直线,与画面垂直线的透视线交于 b、c 两点,即求出平行线的透视位置。

(4) 作转折点的透视。过 d 点作辅助线交 PL 于点 D',过 D' 作 GL 的垂直线 DD',在 DD' 上直接量取柱高的实际长度,连接 DV_c;连接 dV_p 交 PL 于 d' 点,过 d' 作垂直线交透视线 DV_c 于 d 点,该点为所求转折点的透视点。

【例 6.10】　已知视高、画面 PP 及视点位置、柱子平面及柱高,见图 6.41。求作柱子的透视。

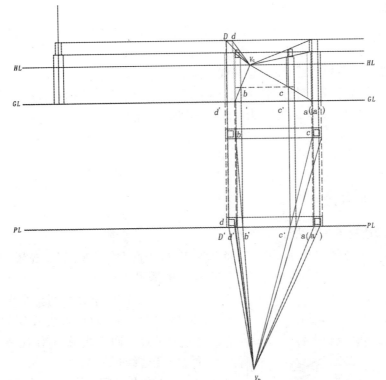

图 6.40　视线法作柱子的透视(一点透视)

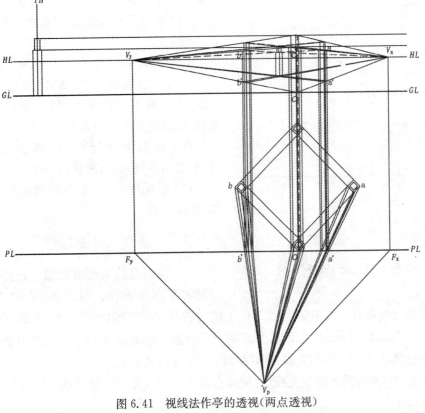

图 6.41　视线法作亭的透视(两点透视)

【作图步骤】

（1）从视点 V_P 分别作柱平面 X、Y 两方向的平行线定出灭点 F_x 和 F_y。过 F_x、F_y 作垂直线交视平线 HL 于 V_X、V_Y 两点，分别连接 $0V_X$、$0V_Y$。

（2）画面上点 0 的垂直线 $00'$ 为量高线 TH。

（3）作转折点的透视。过分别连接点 aV_P、bV_P，交画面于 a'、b' 两点，过 a'、b' 作垂直线，交 $0V_X$、$0V_Y$ 于 a'、b' 两点，直线 aa'、bb' 为所求柱子转折点的透视线。

6.2.2 量点法

6.2.2.1 量点的基本概念

运用量点求透视图的方法称为量点法。

【例6.11】 如图6.42所示，已知空间直线 $A'B'$、画面 PP 和视点 V_P 位置，求作空间直线 $A'B'$ 的透视 AB。

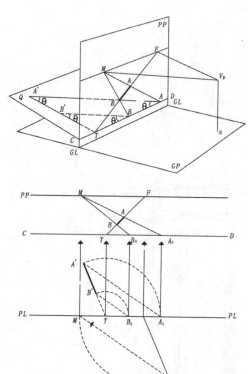

图6.42 量点图解

（1）过视点 V_P 作空间直线 $A'B'$ 的平行线，交画面 PP 于 F 点（即直线 $A'B'$ 的灭点）。

（2）过空间直线 $A'B'$ 作任一平面 Q，交画面 PP 于迹线 CD。

（3）延长空间直线 $A'B'$ 交迹线 CD 于 T 点（即直线 $A'B'$ 在画面 PP 上的迹点）。

（4）连接 TF 两点，空间直线 $A'B'$ 的透视在 TF 连线上。

（5）在画面迹线 CD 上量取 $TB'=TB_o$，$TA'=TA_o$；过视点 V_P 作 $A'A_o$、$B'B_o$ 的空间平行线，交画面 PP 于 M 点，M 点是辅助线 AA_o、$B'B_o$ 在画面 PP 上的灭点。

（6）过 M 点连接 A_o、B_o 两点，连线交 TF 于 A、B 两点，即为所求透视 AB。

（7）辅助线 $A'A_o$、$B'B_o$ 的灭点称为量点，通常用 M 表示。

6.2.2.2 量点法作图原理

（1）空间点的透视可以通过该点的两直线透视的交点来求作。如图6.42中，空间直线 $A'B'$ 的透视通过空间直线 $A'B'$ 在画面 PP 上的透视线 TF 与辅助线 $A'A_o$、$B'B_o$ 在画面 PP 上的透视线 MA_o、MB_o 的交点来确定 A、B 两点的位置。也就是，将求点 A'、点 B' 的透视转化为求作辅助直线 $A'A_o$、$B'B_o$ 与直线 $A'B'$ 在画面 PP 上的透视交点。

（2）一组相互平行的画面相交线，透视灭点共点。图6.42中，辅助线 $A'A_o$、$B'B_o$ 相互平行，其共灭点 M 点。

(3) 空间直线在画面 PP 上的透视方向由该直线的画面迹点和灭点的连线 TF 所决定。图 6.41 中,空间直线 $A'B'$ 在画面 PP 上的透视方向由 TF 决定。

6.2.2.3 量点的性质

(1) 量点与灭点间的距离等于视点与灭点间的距离。图 6.42 中,$T'B'=TB_0$,$\triangle TB'B$ 为等腰三角形,$\triangle FMV_P$ 相似于 $\triangle TB'B$,所以 FMV_P 也是等腰三角形,所以 $FM=FV_P$。

(2) 一组相互平行的直线具有共同的量点,量点也是该组平行直线的共同灭点。如图 6.42 中,辅助直线 $A'A_0$、$B'B_0$ 共同的量点 M,同时,M 点也是辅助直线 $A'A_0$、$B'B_0$ 的灭点。

(3) 以直线 $A'B'$ 在画面 PP 上的迹点 T 为始点,在迹线 CD 上直接截(量)取欲求透视的点与迹点间线段的实长,该迹线称为量线。如图 6.42 中,直线 CD 称为量线。

6.2.2.4 基面上直线的量点和距点

(1) 基面上直线的量点 M 位于视平线 HL 上,如图 6.43。

(2) 在垂直画面情况下,基面上画面垂直线的量点称为距点,用 D 或 D' 表示,如图 6.44。

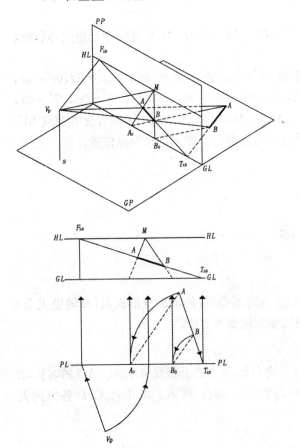

图 6.43 基面上直线的量点(一)

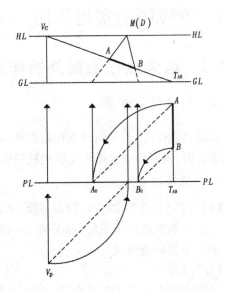

图 6.44 基面上直线的量点(二)

6.2.2.5　基本作图步骤

(1) 在画面上确定视平线 HL、基线 GL、视点 V_P、心点 V_C 和距点 D 或灭点 F_x、F_y 和量点 M_x、M_y。

(2) 在基线 GL 上量取实长,并以距点 D 或量点 M 为辅助线的灭点,结合透视方向线作出透视底平面。

(3) 借助真高线求作景物立面上的内容,完成立体透视。

6.2.2.6　量点法求作举例

【例 6.12】　已知视距、视高、画面 PP 及视点位置、设计平面图,见图 6.45。求作设计平面图的透视。

【作图步骤】

(1) 在画面上确定视平线 HL、基线 GL、视点 V_P。

(2) 作透视灭点和量点。过视点 V_p 作平面 X、Y 两个方向的平行线,分别交画面 PP 于 F_x、F_y 两点。

(3) 过 F_x 点以 V_pF_x 为半径画圆弧交画面 PP 于 M_x,点 M_x 为 X 方向透视量点,同理求出 Y 方向透视量点 M_y。

(4) 作透视平面图。在基线 GL 上直接截取 $0a'=0a$，$0b'=0b$，$0c'=0c$，$0d'=0d$，$0e'=0e$，$0f'=0f$，$0g'=0g$，$0h'=0h$，$01'=01$，$02'=02$，$03'=03$，$04'=04$，$05'=05$，$06'=06$，$07'=07$，$08'=08$。过点 M_x 分别连接 M_xa'、M_xb'、M_xc'、M_xd'、M_xe'、M_xf'、M_xg'、M_xh'，交透视线 $0V_x$ 于 a、b、c、d、e、f、g、h，即为所求转折点的透视点。同理求出 Y 方向的透视点位置。

6.3　透视图的实用作法

6.3.1　消失点在画面外的作图法

6.3.1.1　辅助灭点法

在绘制透视时,若主向灭点在画面外,可引适当的辅助线,使辅助线的灭点(即辅助灭点)在画面之内,借助辅助灭点来完成透视的作图法称为辅助灭点法。

1) 一点透视中的应用

【例 6.13】　已知量高线 TH,基线 GL,视平线 HL,量高线上直线 AB、AC、AD 的实长,B 点向灭点 V 消失的透视线(灭点 V 不在画面内),如图 6.46(a)所示。求作 A、C、D 各点向灭点 V 方向消失的透视线。

【分析】

(1) BV、AV、CV、DV 是在同一垂面上的水平线(共灭点 V)。

(2) 若在透视线 AV 和 BV 之间任作一垂线 ab,则 ab 为直线 AB 的透视高度,也是和 AB 等高的垂线 $A'B'$ 的透视高度,连 Aa 并延长之必相交于灭点 V。

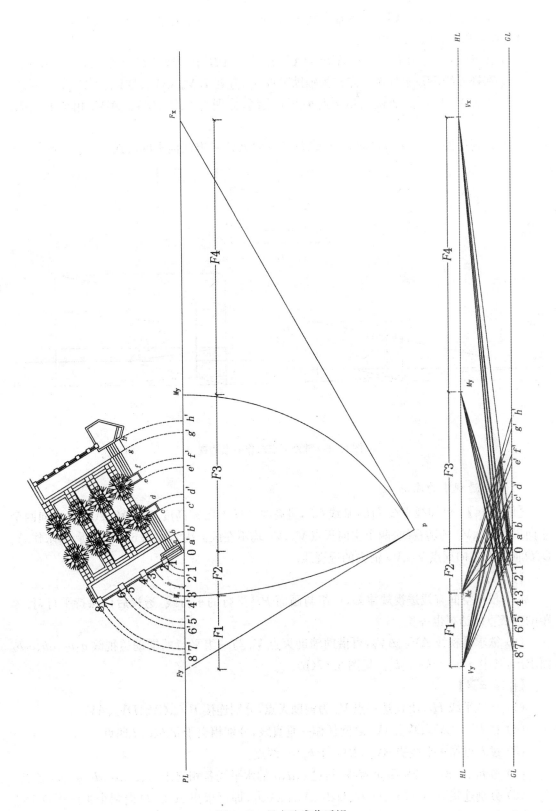

图 6.45 量点法求作透视

（3）欲求透视线 Aa，则可借助辅助线 $A'B'$ 和辅助灭点 V_o 求之。如图 6.46(b)。

【作图步骤】　如图 6.46(c)：

（1）在基线 GL 上任作一垂线 $A'B'=AB$，在垂线 $A'B'$ 上量取 $A'C'=AC$，$A'D'=AD$。

（2）在视平线 HL 上任选一点作为辅助灭点 V_o，连接 $B'V_o$、$C'V_o$、$D'V_o$、$A'V_o$。

（3）过 $B'V_o$ 与 B 点透视线相交点 b 点引垂线，分别与 $C'V_o$、$D'V_o$、$A'V_o$ 相交于 c、d、a 三点。

（4）分别连接 Cc、Dd、Aa，即为 A、C、D 三点向灭点 V 方向消失的透视。

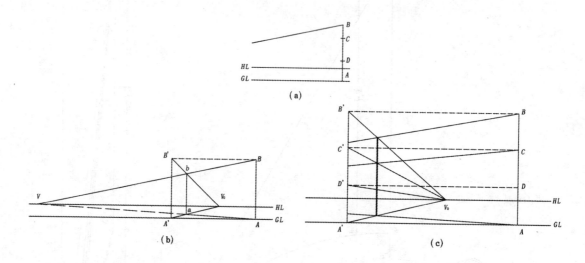

图 6.46　辅助灭点求作一点透视

2）两点透视中的应用

【例 6.14】　已知视平线 HL，基线 GL，量高线 TH 上已知高度 AB、AC、AD，B 点向两个主向灭点 V_X、V_Y 的透视线（两个主向灭点 V_X、V_Y 均不在画面内），如图 6.47(a) 所示，求作 A、C、D 向两个主向灭点 V_X、V_Y 消失的透视线。

【分析】

（1）根据空间直线透视规律知，一组与画面 PP 平行的平行线，透视后仍保持平行，且等距的等长直线透视也等长。

（2）欲求透视线 AV_X、AV_Y，可借助辅助灭点 V_o 与一组平行的辅助透视线 a_1b_1、ab、a_2b_2 而求出，其中 $a_1b_1=ab=a_2b_2$。见图 6.47(b)。

【作图步骤】

（1）在视平线 HL 上任选一点 V_o 为辅助灭点，分别连接 BV_o、CV_o、DV_o、AV_o。

（2）在 BV_o、CV_o、DV_o、AV_o 之间任作一垂直线，分别相交于 a、b、c、d 四点。

（3）过 b 点作水平线交 BV_X、BV_Y 于 b_1、b_2 两点。

（4）过 b_1、b_2 两点分别引垂直线，与过 c、d、a 的水平线各相交于 c_1、c_2、d_1、d_2、a_1、a_2 各点。

（5）分别连接 Cc_1、Cc_2、Dd_1、Dd_2、Aa_1、Aa_2，即可求出 A、C、D 向两个主向灭点 V_X、V_Y 消失的透视线。见图 6.47(c)。

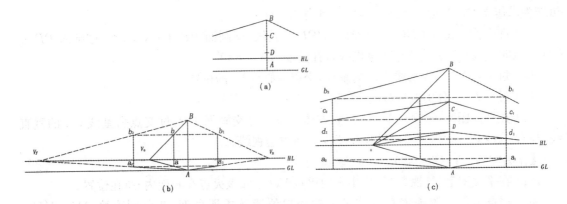

图 6.47 辅助灭点求作两点透视

【例 6.15】 视平线 HL、视点 V_p、基线 GL、立方体的平面位置及高度,一个主向灭点 V_Y 位于画面内,如图 6.48 所示。求作立方体 BB' 边的透视线。

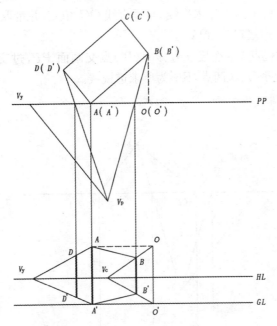

图 6.48 辅助灭点求作两点透视(方法一)

【分析】

欲求立方体 BB' 边的透视线,借助辅助灭点法有两种制图方法。

(1) 根据空间面透视规律知,与基线 GL 垂直的平面透视过心点 V_c 且与视平线垂直。因此,可借助画面垂直线为辅助线,以及心点 V_c 的为辅助灭点求作。

(2) 根据空间直线透视规律知,一组平行线透视共灭点。因此,可借助辅助平行线和已知主向灭点 V_Y 求作。

【作图方法一】

(1) 在平面图上,过视点 V_p 求出主向灭点 V_Y(已知该灭点在画面内)所在位置。

(2) 根据平面位置确定立方体 AA' 的透视位置及透视高度,并分别连接 AV_Y、$A'V_Y$。AA'

可作为求作立方体其他各边透视高度的量高线 TH。

（3）在平面图上，过 $B(B')$ 点作画面 PP 的垂线，交画面 PP 于 $O(O')$ 点，过画面 PP 上 $O(O')$ 点向基线 GL 引垂线作为辅助线，，并量取 $AA'=OO'$。

（4）过视点 V_p 引视平线 HL 的垂线，交点为心点 V_c 的位置。

（5）过心点 V_c 分别连接 OV_c、$O'V_c$。

（6）在平面图上，过视点 V_p 连接立方体 $B(B')$ 点交画面 PP，过交点引基线 GL 的垂直线，与 OV_c、$O'V_c$ 分别交于 B、B' 两点，BB' 为所求透视线。

【作图方法二】（图 6.49）

（1）在平面图上，过视点 V_p 求出主向灭点 V_Y（已知该灭点在画面内）所在位置。

（2）根据平面位置确定立方体 AA' 的透视位置及透视高度，并分别连接 AV_Y、$A'V_Y$。AA' 可作为求作立方体其他各边透视高度的量高线 TH。

（3）在平面图上延伸 BC 的连线，交画面 PP 于 $O(O')$ 点，过 $O(O')$ 点向基线 GL 引垂直线，交基线于 O' 点。

（4）分别过透视点 A、A' 两点作水平线，与垂直线 OO' 相交，并量取 $AA'=OO'$。

（5）过主向灭点 V_Y 连接 OV_Y、$O'V_Y$。

（6）在平面图上，过视点 V_p 连接立方体 $B(B')$ 点交画面 PP，过交点引基线 GL 的垂直线，与 OV_Y、$O'V_Y$ 分别交于 B、B 两点，BB' 为所求透视线。

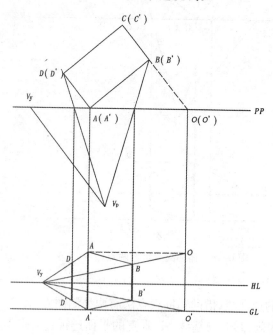

图 6.49　辅助灭点求作两点透视（方法二）

6.3.1.2　辅助标尺法

为了在有限的画幅上画较大的透视图，往往主向灭点均不在画面上，借助辅助标尺可求作透视，该方法称为辅助标尺法。

【例 6.16】　已知画面 PP、视点 V_p、立方体的平面和立面，两个主向灭点 V_X、V_Y 均不在画面内,如图 6.50 所示。求作立方体的两点透视。

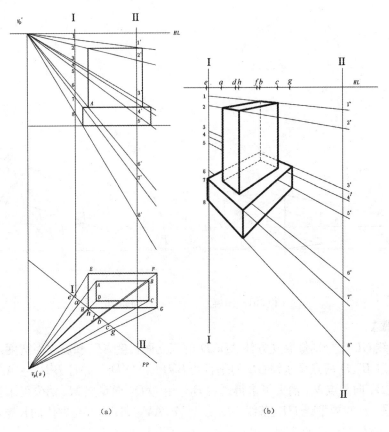

图 6.50　辅助标尺法求作两点透视

【作图步骤】

(1) 在平面图上,过视点 V_p 引立方体各转折点,分别与画面 PP 交于 e、a、d、h、f、b、c、g 等各点。

(2) 在立面图上,定出视点 V_p' 和视平线 HL 的位置,并适当选择两条辅助标尺 I 和 II,向平面图引垂直线,分别交画面 PP 于 I 和 II 两点。

(3) 在立面图上,过视点 V_p' 向立方体块各转折点引视线,分别交辅助标尺线 I 和 II 于 1,2,…,8 和 $1'$,$2'$,…,$8'$各点。

(4) 在透视图上,将画面 PP 上各转折点及辅助标尺线的位置转绘到视平线 HL 上,即将 e、a、d、h、f、b、c、g、I、II 各点位置转绘到视平线 HL 上。

(5) 根据立方体块平、立面关系确定各转折点透视位置,连接各转折点即可求出透视图。

6.3.1.3　直接立面法

图 6.51 中,当主向灭点均不在画面内时,借助量点 M_x、M_y 可求作透视,该方法为直接立面法。

【例 6.17】　已知视点 V_p、视平线 HL、基线 HL、立方体 $ABCD$、透视线 AV_X 和 AV_Y(两个主向灭点均不在画面内),如图 6.51 所示。求作立方体 $ABCD$ 的透视。

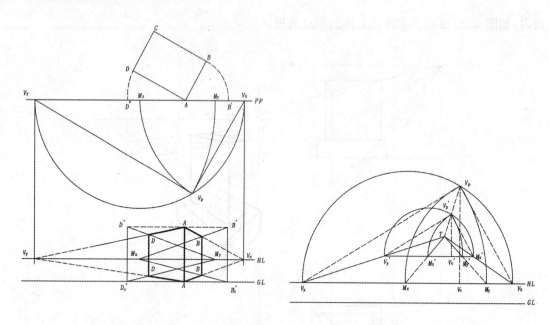

图 6.51　图解直接立面法作图原理

【作图步骤】

（1）在基线 GL 上分别量取立方体 $ABCD$ 的正立面长度 AD' 和侧立面宽度 AB'。

（2）分别过 B'、D' 两点作基线 GL 的垂直线 $B'B_0'$ 和 $D'D_0'$，并且 $B'B_0'=AA= D'D_0'$。

（3）由 $B'B_0'$ 向量点 M_x 消失可求得透视 BB，由 $D'D_0'$ 向量点 M_y 消失可求得透视 DD。

【例 6.18】　已知视平线 HL、基线 GL、心点 V_c、AV_x 和 AV_y、立方体的长宽高，如图 6.52 所示。求作立方体 $ABCD$ 的透视。

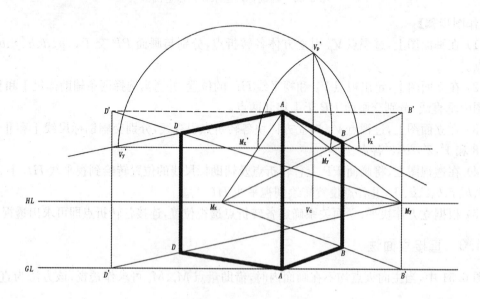

图 6.52　直接立面法求作两点透视

【分析】

通过真高线可求出辅助量点 Mx'、My' 和辅助灭点 V_X'、V_Y'，再通过位似放大法求出量点 M_x 和 M_y，即可完成透视求作。

【作图步骤】

(1) 在 AV_X 和 AV_Y 之间任作一水平线，与 AV_X、AV_Y 分别相交于 V_X'、V_Y'。

(2) 以 $V_X'V_Y'$ 为直径作半圆。

(3) 过心点 Vc 点向半圆引垂直线，交半圆于 Vc' 点。

(4) 求出辅助量点 Mx' 和 My'。

(5) 过 A 点连接 AM_x' 和 AM_y'，并延伸交视平线 HL 于 M_x、M_y 两点，M_x 和 M_y 为求作立方体透视所需的量点。

(6) 其余步骤同图 6.51 作法。

6.3.1.4 矩形透视面的分划与扩展

对矩形透视图作分划与扩展时，一方面是利用直线分割的原理图，见 6.51，另一方面是利用矩形对角线的性质来进行，见图 6.53。

矩形两对角线的交点是两组对边平分线的交点，图 6.52 中，O 点为矩形边 AA' 与 BB'、AB 与 $A'B'$ 这两组对边平分线的交点。

过矩形对角线的交点作垂线必分矩形为两等分。图 6.52 中，过 O，O' 两点的垂线分别将 AB 和 $A'B'$ 边划分为 1/2 和 1/4。

各等分矩形的对应对角线是一组平行直线。图 6.52 中，对角线 Da // $A'B$ // $D'b$。

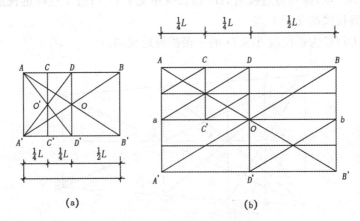

图 6.53　矩形对角线性质

【例 6.19】　已知基线 GL、视平线 HL 以及空间直线 AB 的透视线 ab，见图 6.54。

求作透视直线 ab 按实长 L 等分时，其等分点的透视。

【作图步骤】

(1) 在基线 GL 上按比例量取实长 L，将基线 GL 分为 1,2,…6。

(2) 在视平线 HL 上任取一点 F，分别连 F 与 1,2,…6，交透视线 ab，交点为分点透视。

(3) 过其中一交点 a_1 作水平线 a_1a_1，按比例等分水平线 a_1a_1，连 F 与 a_1a_1 上各等分点交透视线 ab，交点为分点透视。

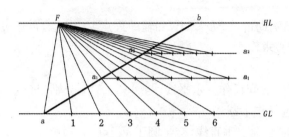

图 6.54　直线分割点的透视

1) 运用对角线作垂直矩形面的分划与扩展

【例 6.20】　已知垂直矩形面的透视面为 $ABCD$，如图 6.55 所示。求作透视面 $ABCD$ 的 1/2 和 1/4 对分线和透视面 $ABCD$ 的一倍扩展。

【作图步骤】

(1) 连透视面 $ABCD$ 的对角线 AC 与 BD，交于点 M_1，过点 M_1 作边 AB、DC 的平行线 EF。

(2) 连透视面 $AEFB$ 的对角线 AF 与 BE 点，交于点 M_2，过点 M_2 作边 AB、DC 的平行线 GH。

(3) 线 EF、GH 分别为透视面 $ABCD$ 的 1/2、1/4 对分线。

(4) 连 M_1 与 M_2 点并延长之，与透视边 DC 相交于 M_3 点。

(5) 连 B 与 M_3 点，延长与透视边 AD 延长线相交于 I 点；过 I 点作透视边 DC 的平行线与透视边 BC 的延长线相交于 J 点。

(6) 透视面 $DIJC$ 为透视面 $ABCD$ 的一倍扩展透视面。

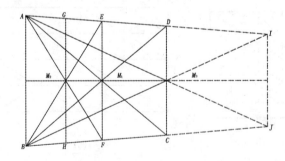

图 6.55　运用对角线作垂直矩形透视面的分划与扩展

【例 6.21】　已知视平线 HL、矩形垂面的立面垂直分划、局部矩形面的透视面 $aa'cc'$，ac 和 $a'c'$ 向 V_y 消失（V_y 不在画面内），如图 6.56 所示。求作矩形 $AA'BB'$ 的整体透视面 $aa'bb'$。

【作图步骤】

(1) 取 aa' 与视平线 HL 的交点 V，连 CV。

(2) 在 av、cv 之间任作一水平线，分别交 av、cv 于 a_o、c_o 两点。

(3) 在 a_oc_o 延长线上用同一比例量取已知立面上的分划点 d_o、e_o、b_o。

（4）连 vd_0、ve_0、vb_0，并分别延长与 ac 的延长线相交于 d、e、b 各点。

（5）过 d、e、b 分别引垂线，和 $a'b'$ 延长线相交于 d'、e'、b'，即可求出整个矩形透视面的垂直分划。

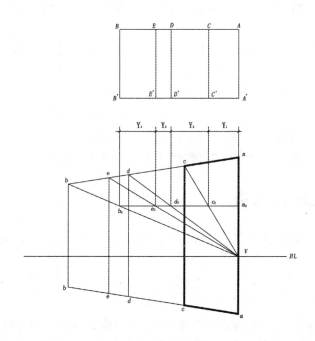

图 6.56　垂直矩形面的分划

2）运用对角线作水平矩形面的分划与扩展

【例 6.22】　已知水平矩形面的透视面 $ABCD$，如图 6.57 所示。求作透视面 $ABCD$ 的 1/2 和 1/4 对分线和透视面 $ABCD$ 的一倍扩展。

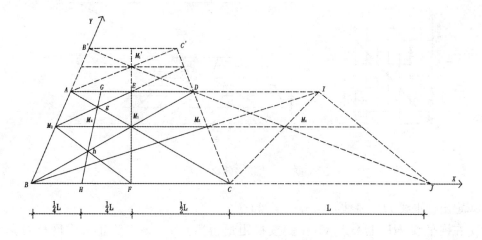

图 6.57　运用对角线作水平矩形透视面的分划与扩展

【作图步骤】

（1）连透视面 $ABCD$ 的对角线 AC、BD 交于 M_1 点，过点 M_1 作水平线，分别交 AB、CD 边于 M_2、M_3 点。

（2）在 BC 边上量取 $BF=1/2BC$，连 FM_1 点并延长交 AD 边于 E 点，EF 线为透视面 $ABCD$ 的 $1/2$ 对分线。

（3）连 EM_2、FM_2，与对角线 AC、BD 分别交于 g、h 两点。连 gh 两点必交 M_2M_3 于 M_4 点，延长 gh 分别交 AD、BC 边于 G、H 两点，GH 线为透视面 $ABCD$ 的 $1/4$ 对分线。

（4）连 BM_3 并延长，交 AD 延长线于 I 点。

（5）连 CI 交 M_2M_3 延长线于 M_5 点，连 DM_5 并延长交 BC 延长线于 J 点。

（6）透视面 $DCJI$ 为透视面 $ABCD$ 向 X 方的一倍扩展。

（7）同理可求出透视面 $ADC'B'$ 为透视面 $ABCD$ 向 Y 向的一倍扩展。

6.3.2　网格法作透视图

用网格法作透视图是园林制图中经常用到的方法，特别是对于不规则图形、曲线、曲面等更为适用。

6.3.2.1　一点透视网格法

一点透视特点为两个主向与画面 PP 相平行，其透视为平行的水平线；另一主向与画面 PP 相垂直，其透视灭点为心点 Vc，基面上的对角线和画面 PP 成 $45°$，对角线的透视灭点为距点 D。

一点透视网格的求作步骤见图 6.58：

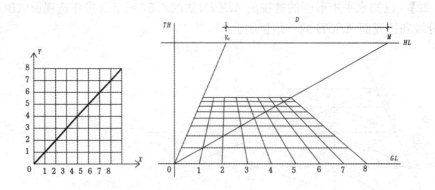

图 6.58　一点透视网格作法（一）

（1）定出视平线 HL、基线 GL、心点 Vc 和点 0；

（2）在视平线 HL 上心点 Vc 一侧按视距量得距点 D（该点为正方形网格对角线的灭点 M）。

（3）在基线 GL 上，从 0 点开始向一侧作等边网格点，并分别与心点 Vc 连接。

（4）连 $0M$ 和向 Vc 消失的各透视相交，自交点作水平线，即得一点透视网格。

此外,若距点不可达时,可选用 1/2 或 1/3 视距的距点 $D_{1/2}$ 或 $D_{1/3}$ 代替,作出 1 : 2 或 1 : 3矩形网格的透视,连 0 与($x=2,y=2$)的交点或($x=3,y=3$)的交点,即可求出正方形网格的透视,如图 6.59 所示。

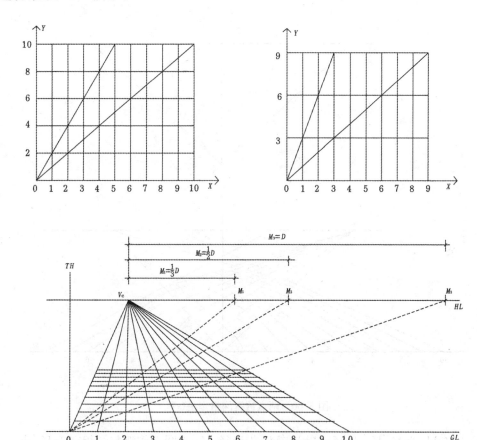

图 6.59 一点透视网格作法(二)

6.3.2.2 两点透视网格法

1) 灭点可达时的作图步骤

(1) 定出基线 GL、视平线 HL、灭点 V_x 和 V_y、量点 M_x 和 M_y。

(2) 从基线 GL 上点 O 向灭点 V_x 和 V_y 引直线,并向两侧量等边网格。

(3) 将 O 点两侧各点分别与 M_x 和 M_y 相连,与 OV_x 和 OV_y 相交,所得交点与灭点 V_x 和 V_y 相连,即可求得两点透视网格,如(图 6.60)所示。

2) 灭点不可达时的作图步骤

(1) 定出基线 GL、视平线 HL、灭点 V_x 和 V_y(V_y 不在画面内)、量点 M_y 及点 O。

(2) 在 OV_x 与 OV_y 之间任作一水平线,分别交于 $V_x{}'$、$V_y{}'$ 两点。

(3) 以 $V_x{}'V_y{}'$ 为直径作圆,过圆心作垂线交圆于 D 点。

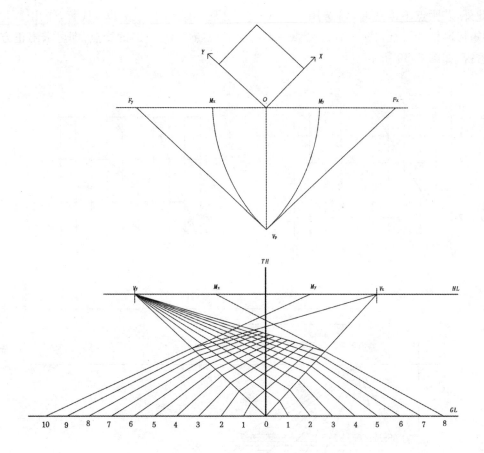

图 6.60   两点透视网格作法(一)

(4) 连 OM_y 交 $V_x'V_y'$ 于 M_y'，以 $V_y'M_y'$ 为半径，V_y' 为圆心作弧与圆相交于 V_p' 点。

(5) 连 DV_p' 交 $V_y'M_y'$ 于 $V_{45°}'$。

(6) 连 $OV_{45°}'$ 并延长之，交视平线 HL 于 $V_{45°}$，点 $V_{45°}$ 为网格对角线的透视消失点。

(7) 连对角线透视消失线与向 V_x 消失的透视线相交，连相应的交点即可求出两点透视网格，如图 6.61 所示。

【例 6.23】   已知某广场景观设计局部平面图，如图 6.62 和图 6.63 所示。求作透视图。

【作图步骤】

(1) 根据所绘透视的范围和复杂程度确定透视网格的大小，尽可能将主要建(构)筑物的轴线落在网格上或与网格平行。

(2) 给纵横两组网格线编号，为方便作图，给透视网格编上相应的编号。

(3) 定出灭点 V_Y，量点 M_X、M_Y、45°对角线灭点 $V_{45°}$、视平线 HL 和量高线 TH(求作竖向高度时使用)。

(4) 利用编号在透视网格中确定平面中的道路、广场、建(构)筑物、水面及绿地等的形状和位置，求出透视平面图。

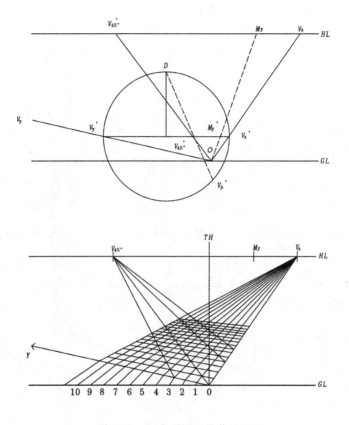

图 6.61　两点透视网格作法(二)

6.3.2.3　鸟瞰图

视点较高的透视称为鸟瞰图。常视点的透视仅适合反映和表现局部和单一的空间,当需要展现所设计的园景总体空间特征和局部间的关系时,就需要采用视点位置相对较高的鸟瞰图来表现。

鸟瞰图在城市规划和建筑设计中有广泛的应用,对于平面性很强的风景园林设计来说更能体现其表现能力,用网格法制作鸟瞰图较为方便,特别适用于作不规则图形、曲线等的鸟瞰图。见图 6.64、图 6.65。

6.3.3　斜线透视作图法

不与基面(地面)平行的空间直线称为斜线,如坡屋顶、台阶、坡道等。它们的灭点不再落在视平线 HL 上。

【例 6.24】　已知台阶平面、剖面、视点 V_P 和画面 PP 位置,如图 6.66 所示。求作台阶的透视图(放大 n 倍)。

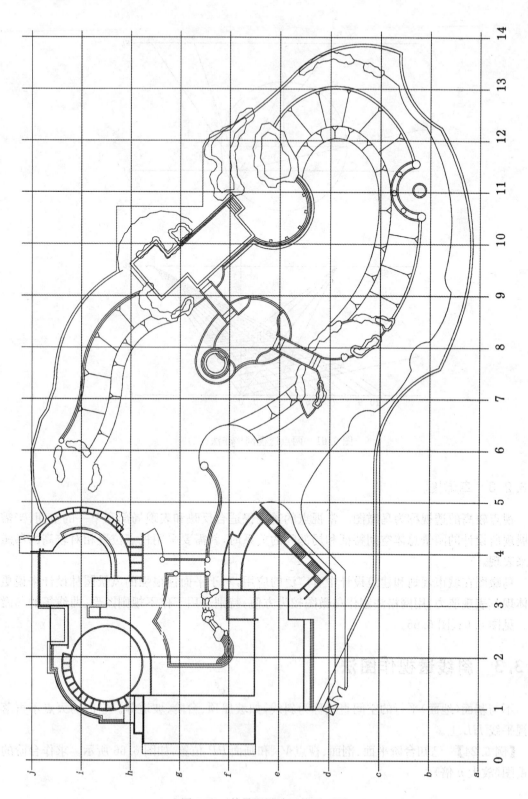

图 6.62　某景观设计局部平面图

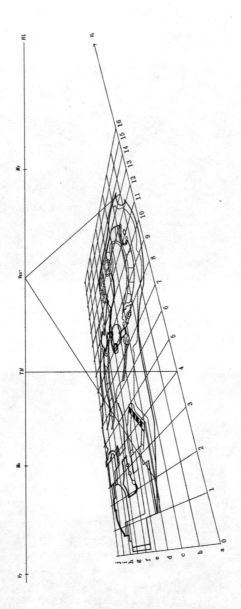

图 6.63　网格法作透视图

图 6.64　鸟瞰图(一)

图 6.65　鸟瞰图(二)

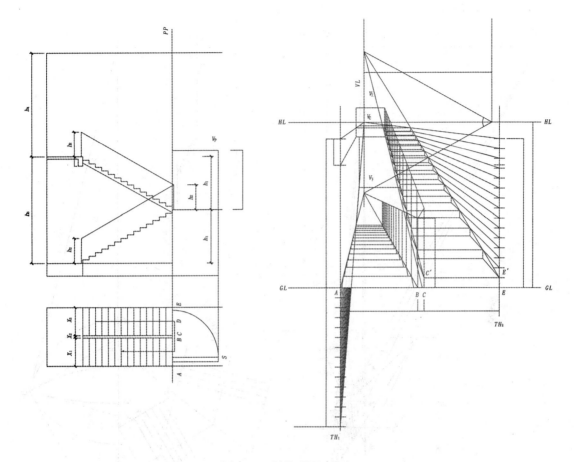

图 6.66 斜线透视图作法

【作图步骤】

(1) 按已知条件作出 GL、HL、V_C 及视距点 D。

(2) 过心点 V_C 作垂直线 VL。

(3) 过视距点 D 分别向上、向下作 θ 角的直线交 VL 于点 $V_\perp$、$V_\intercal$ 两点,此两点为所求台阶的斜线灭点。

(4) 分别过 A、E 点作垂直线作为量高线 TH_1、TH_2。

(5) 求作各级踏步。在量高线 TH_2 上,自 E 点向上截取 nh_1 长度,并等分为 15 份(即 15 步台阶),并作出第一步踏级 $CC'E'E$。连接 E' 与 $V_\perp$ 两点,并过各等分点连接 V_C 与直线 $E'V_\perp$ 相交,每一个交点依次向下作垂线与下一级台阶踏面相交,然后向左作水平线即可求出台阶踏步透视。

(6) 同理作出向下台阶的透视。

(7) 求作扶手。分别过 B、C' 两点作垂直线,直接在垂直线上量取扶手栏杆的高度 nh_2,分别向 $V_\intercal$、$V_\perp$ 连线,为栏杆扶手的透视线。

(8) 其余作同本题第五步作法。

【例 6.25】 已知台阶平面、剖面、视点 V_P 和画面 PP 位置,如图 6.67 所示。求作台阶的透视图。

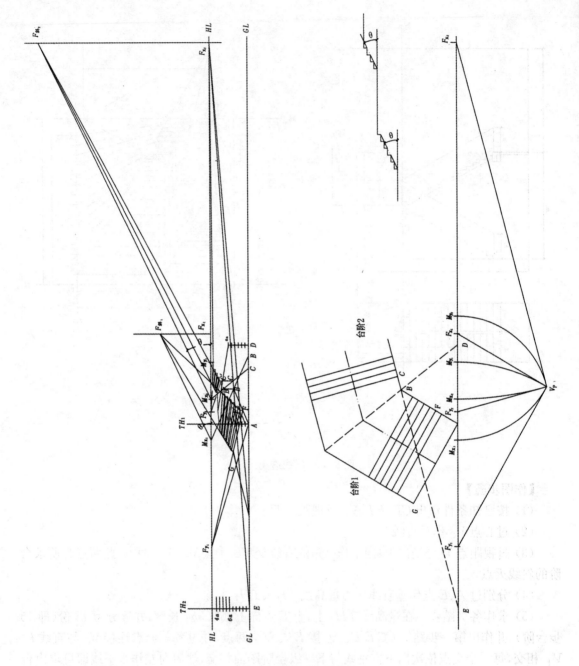

图 6.67　斜线透视图作法

【作图步骤】

（1）按已知条件作出 GL、HL、台阶灭点和量点。由于台阶 1 和台阶 2 与画面的位置不同，所以需要分别求作各自的灭点和量点。过视点 V_P 作出台阶 1 的灭点 F_{X1}、F_{Y1}，量点 M_{X1}、M_{Y1}，过 M_{X1} 作倾角为 θ 的直线，与 F_{X1} 相交于 $F_{斜1}$，该点即为台阶 1 的斜线灭点。同理作出台阶 2 的灭点及量点 F_{X2}、F_{Y2}、M_{X2}、M_{Y2}，过 M_{X2} 作倾角为 θ 的直线，与 F_{X2} 相交于 $F_{斜2}$，该点即为台阶 2 的斜线灭点。

（2）求作台阶 1 透视。点 A 在画面 PP 上，其透视高度为真高，可作为量高线 TH。用量点 M_{Y1} 和 AF 距离求出台阶 1 的第一步台阶 AF 的透视位置。过点 A 向上作垂线 TH_1，在其上按台阶高度截得等分点，从等分点向 F_{X1} 引直线，过点 F 引垂直线与第一等分点引线相交于点 F'，连接点 F' 与 $F_{斜1}$ 作出台阶 1 斜线的透视线。直线 $F'F_{斜1}$ 与各等分引线的交点向上作垂线即得台阶 1 的透视。

（3）求作台阶平台的透视。用量点 M_{X1} 求出点 B，向上作垂线与台阶 Ⅰ 最上层踏步的面线交于点 B'。将平台转折线延长交 PL 于 D 点，在基线上作 D 点（迹点）的垂线，并量出平台高（$6a$），端点与 B' 相连，于平台另一侧相交，分别从交点和点 B' 向 F_{X2} 引直线与台阶 2 相交。为了求出台阶 2 的起始点，需添加辅助线 CE，CE 交 PL 于 E 点，用 M_{X2} 量得点 C，向上作垂线交 $B'F_{X2}$ 于点 C' 点，从 C' 点向 F_{y2} 作直线与平台另一侧相交即得台阶间平台的透视。

（4）求作台阶 2 的透视。将 C' 点看着 A 点，从过点 E 的量高线 TH_2 上量取台阶高度，其他步骤略。注意台阶 2 的斜线灭点为 $F_{斜2}$，X 和 Y 方向的灭点与量点分别为 F_{X2} 与 F_{Y2}、M_{X2} 与 M_{Y2}。

思考与练习

1. 用视线法求做建筑的两点透视图，如图 6.68 所示。

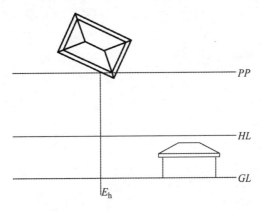

图 6.68

2. 自选视点，用量点法求作亭子透视，如图 6.69 所示。

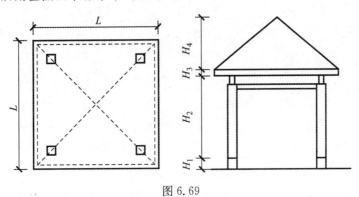

图 6.69

3. 网格法求作庭院透视平面,如图 6.70 所示。

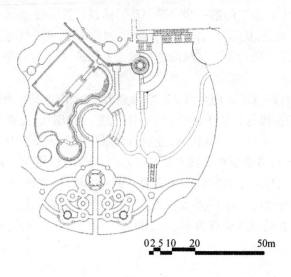

图 6.70

7 园林设计图

【本章导读】

园林设计图是反映风景园林设计意图和风景园林设计各阶段状态的图纸。园林设计图根据各设计阶段的要求,图纸的形式、内容各有不同,本章对各类园林设计图的内容、要求进行讲解。

7.1 园林设计过程

7.1.1 园林项目整体运作流程

在城市开发建设过程中园林项目往往是作为整个工程项目的一个子项目进行运作,在经过一系列的流程后直至投入使用。表 7.1 列举了项目城建运作各流程及相应时间预算,表7.1主要针对一些大型的、综合性的建设项目(如房地产开发建设项目),对于一些小型的或单项工程,其流程和时间都可从简和缩短。

表 7.1 项目整体运作的流程步骤及预算时间

序号	项目流程	项目内容及说明	估算时间（工作日）
1	勘察测量	对项目基地进行勘察测量	25
2	拟项目建议书	对项目进行立项申请,提出框架性总体设想	20
3	可行性研究报告	进行项目可行性研究并编制研究报告	28
4	环境评估	对基地进行环境评估	25
5	地质灾害评估	对基地进行地质灾害评估	20

（续表）

序号	项目流程	项目内容及说明	估算时间（工作日）
6	总平面设计	按照规划设计方案内容，由项目负责人组织三个专题组（规划组、建筑组、风景园林组）完成本项目。 其中： 第一阶段（3个工作日） 接本案任务书、基础资料收集、答疑 第二阶段（7+1个工作日，含内部评审1个工作日） 各个专题组明确分工、构思总体方案、分析概念、制作工作模型、多方案比选，与业主沟通并选取最佳方案 第三阶段（7+2个工作日，含内部评审1个工作日和与业主沟通1日） (1) 规划组细化总体概念规划，结合分期实施可行性，明确功能结构、交通组织、整体风格、消防、日照、通风、节能、安防、物管模式等关键性问题 (2) 建筑组分别对商业、住宅（各类型）进行单体平面、立面概念设计 (3) 风景园林组进行场地、景观环境、市政设施的概念设计，如车道系统、步行系统、滨水系统、中心绿地、庭院绿地的竖向、植被及景观建筑小品的设计 (4) 与业主再次沟通，明确修改意见 第四阶段（7+1个工作日，含内部评审1个工作日） (1) 规划组、建筑组、风景园林组进行再沟通、方案调整、校审、修改。 (2) 制作概念修建性详细规划设计文本成果及多媒体光盘 第五阶段（2个工作日） 成果文本打印、装订、包装、归档，向业主提交成果	30
7	总平面报建图	修建性详细规划文本提交后，经有关部门审查方案批准后，再次与业主沟通，规划组根据有关部门的审查修改意见和业主意见进行总平面修改，并制作报建总平面图（工作日，可与建筑单体设计及风景园林设计同）	20
8	建筑单体设计	与业主沟通并根据有关部门的审查修改意见，建筑组分别对商业、住宅（各类型）进行单体平面、立面、建筑空间、造型、材料等深入细化设计，并编制建筑单体设计成果	30
9	风景园林设计	与业主沟通并根据有关部门的审查修改意见，风景园林组对本案场地、风景园林环境、市政设施等细化设计，包括竖向地形、植物配植、滨水系统、景观建筑小品、道路交通系统、中心绿地、庭院绿地等	30

序号	项目流程	项目内容及说明	估算时间（工作日）
10	智能设计	安全智能防盗报警网络系统体系设计	20
11	初步设计及施工图设计	按国家要求的标准对室外工程(风景园林)及建筑单体进行初步设计及施工图设计	50～60
12	工程量清单编制项目预算	编制工程量清单,体现其要求的工程项目及相应的工程数量,全面反映投标报价的要求。它是投标人进行报价的依据,是签订工程合同、调整工程量和办理竣工结算的基础。招标人一般委托招标代理公司代为编制工程量清单编制及项目预算书,或则在设计合同中约定由设计方编制	20
13	施工招投标	招标人(建设方)一般委托或授权具备相关资质的招标代理机构(公司)按照相关法律规定,办理项目施工招标事宜	25
14	施工与监理	中标单位依据施工图纸及合同要求在监理的监督下进行项目施工	按合同约定时间
15	验收合格投入使用	项目竣工验收合格后投入使用	

注:项目1～5、7～9为可以同步进行的项目。

7.1.2 园林设计阶段

各种项目的设计都要经过由浅入深、从粗到细、不断完善的过程,风景园林设计也不例外。设计师应先进行基地研究,熟悉项目区位与范围、自然历史人文环境、上位规划要求、基地周边环境、基地内部现状等。然后对所有与设计有关的内容进行研究分析,最后拿出合理的方案,完成设计。

风景园林设计根据项目规模、复杂程度及业主要求一般分方案设计、初步设计(扩初设计)和施工图设计三个阶段,或在方案审批的基础上直接进行施工图设计。每个阶段都有不同的内容,需解决不同的问题,并且对制图也有不同的要求。

7.1.2.1 方案设计阶段

在方案阶段,设计师应该充分了解设计委托方的具体要求,收集与基地有关的资料,补充并完善不完整的内容,对整个基地及环境状况进行综合分析。本阶段设计内容主要包括对基地的空间关系、功能分布、平面布局、交通组织等进行控制与设计,常用的设计图有各类分析图、方案构思图、总平面图、总体鸟瞰图、节点设计平面及效果图等。方案设计阶段的工作流程,见图7.1。

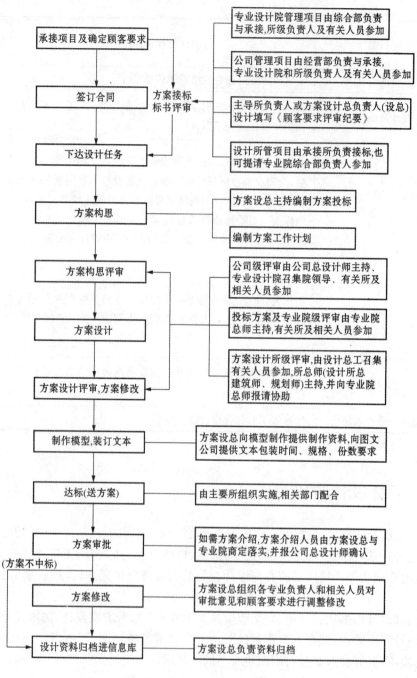

图 7.1　方案设计阶段工作流程

7.1.2.2　初步设计(扩初设计)阶段

　　方案设计完成后应同委托方沟通、协商,对方案中的一些问题进行商讨,并形成修改意见,然后对方案进行调整和完善。等方案确定后,就进入初步设计(扩初设计)阶段,完成总平面的深化、各节点的详细设计图、建筑及小品的平立剖面图等。

7.1.2.3 施工图设计阶段

施工图设计阶段是将设计与施工连接起来的环节。根据前期的方案设计及初步设计,结合各工种的要求分别绘制出能具体、准确地指导施工的各种图纸张,这些图纸应能清楚、准确地表示出各项设计内容的尺寸、位置、形状、材料、种类、数量、色彩以及构造和结构等,完成施工平面图、地形设计图、种植平面图、园林建筑施工图等。施工图设计工作流程,见图7.2。

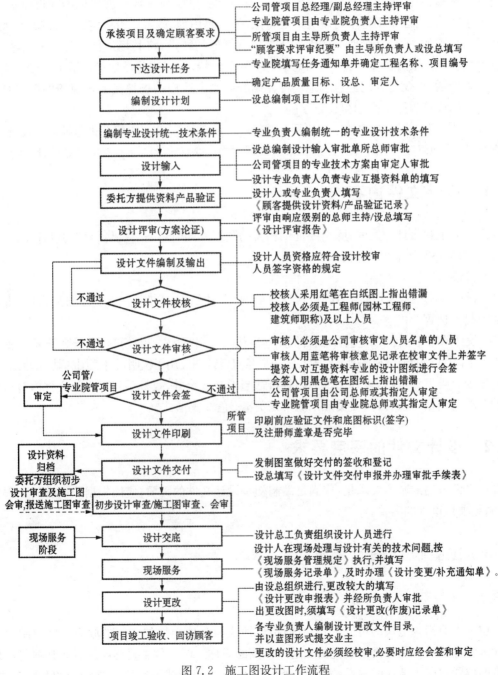

图 7.2　施工图设计工作流程

7.2　方案设计阶段制图要求

当我们接到一个新设计项目的时候,首先我们会去项目现场堪踏考察。经过对项目地块特性的研究,我们就开始考虑方案设计的第一个问题:如何针对项目地块的特性,扬长避短,做出适合于此地块的方案设计。无论是建筑设计还是风景园林设计,在研究完场地特性后,方案设计有两个选择:一是如果场地是一块没有任何特点的平地,那设计师就要依据项目要求,创立设计的主题;二是如果场地本身就有一定特点,例如是山地、或者是有一定高差、或者有天然山景水景等特点的,那设计师要做的无疑就是尊重场地的特点,将其场地优势加以利用改造,做出有地块特色的设计方案。此外,场地本身有一定的特点,但这些场地优点不足以做方案设计的支撑点的话,那就需要把创意和地块特征结合起来。这样的场地其实也属于的第二种场地。而这类的设计思路也是用得比较多的。

方案设计主要包括对基地的空间关系、功能分布、平面布局、交通组织等进行控制与设计,常用的方案设计图纸有各类分析图、方案构思图、总平面图、景点设计图和各专项规划设计图等。

7.2.1　设计文件内容

在给甲方汇报设计方案时,除了要提供相关的图纸外同时还需要提供相应的设计文件,方案设计阶段的文件内容主要包括以下内容:

（1）目录。

（2）设计说明书:设计说明书应包含项目概况、设计依据、总体构思、功能布局、各专业设计说明及投资估算等内容。

（3）设计图纸:设计图纸应包含区位图、用地现状图、总平面图、功能分区图、景观分区图、竖向设计图、园路设计与交通分析图、绿化设计图、主要景点设计图及用于说明设计意图的其他图纸。

根据项目类型和规模,设计文件的内容可适当增减或合并,投标项目的设计文件内容可按标书的要求适当增减或合并,提交成果通常是 A3 彩色文本形式。

7.2.2　设计文件的深度要求

设计文件编制的基本要求是:应满足编制初步设计文件的需要;应能根据图纸编制工程估算;应满足项目审批的需要。

7.2.3　主要设计图及要求

7.2.3.1　区位图

区位一方面指该地块的位置,另一方面指该地块与其他地块的空间的联系。区位图是反映目标区所在位置和周边交通状况的交通区位图的简称。图区位主要标明风景园林项目用地在城市的位置和周边地区的关系,图纸比例不限,图纸表现形式一般以电脑绘制的彩图为主,如图7.3所示。

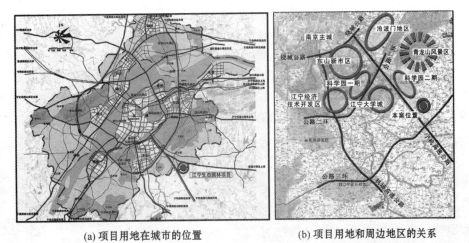

(a) 项目用地在城市的位置   (b) 项目用地和周边地区的关系

图7.3 某生态园林项目区位分析图

7.2.3.2 用地现状图

用地现状图应是记录风景园林设计工作起始时的土地利用现状情况的图纸。图纸主要标明用地边界、周边道路、现状地形等高线、道路、有保留价值的植物、建筑物和构筑物、水体边缘线等。图纸比例按设计要求绘制,通常以比例尺表示。图纸表现形式一般以电脑绘制的彩图为主,通常以建设方提供的现状测绘图为底图,按规范要求将不同性质的用地用不同颜色填充,配以图例等,如图7.4所示。

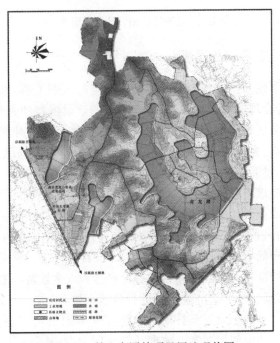

图7.4 某生态园林项目用地现状图

7.2.3.3　总图(总平面图)

总平面图亦称总体布置图,简称总图,按一般规定比例绘制,用来表示建筑物,构筑物的方位、间距以及道路网、绿化、竖向布置和基地临界情况等。图上有指北针,有的还有风玫瑰图。主要标明用地边界、周边道路、出入口位置、设计地形等高线、设计植物、设计园路铺装场地;标明保留的原有园路、植物和各类水体的边缘线、各类建筑物和构筑物、停车场位置及范围。图纸比例同用地现状图,通常以比例尺表示。图纸表现形式通常以电脑绘制的彩图为主,如图7.5所示。

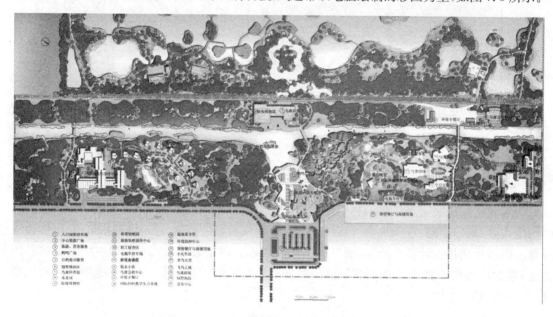

图7.5　某湿地公园设计总平面图

7.2.3.4　功能分区图或景观分区图

规划设计分区是为了使众多的规划设计对象有适当的区别关系,以便针对规划设计对象的属性和特征分区,进行合理的规划和设计,实施恰当的建设强度和管理制度,既有利于展现和突出规划设计对象的分区特点,也有利于加强项目的整体特征。对规划设计对象进行分区规划设计应做到以下几点:突出各区的特点,控制各分区的规模,并提出相应的规划设计措施;解决各个分区间的分隔、过渡与联络关系;维护原有的自然单元、人文单元相对完整性。

功能分区是按功能要求将风景园林项目中各种物质要素,如入口区、停车场、休闲广场、老人活动区、儿童活动区、商业活动区、健身区、滨水活动区等进行分区布置,组成一个互相联系、布局合理的有机整体,为风景园林中的各项活动创造良好的环境和条件。根据功能分区的原则确定土地利用和空间布局形式是风景园林项目方案设计阶段的一种重要方法。

景观分区是按景源特征将风景园林项目中各种自然和人文景观资源,如林地、草地、泉井、溪涧、湖泊、湿地、陵园墓园、建筑、遗址遗迹等进行分区布置,组成一个景观特色鲜明、互相联系、布局合理的有机整体,有利于风景园林项目中的各种资源的保护与利用。

风景园林项目为满足功能使用通常以体现功能分区为主,某些项目有其丰富独特的景观资源时为强调景观资源的保护与利用则以景观分区为主。而对于某些项目亦可兼顾两者要求将两者合二为一构成景观功能分区图。图纸主要标明用地边界、各分区边界、分区名称等,图纸比例同总平面图,图纸表现形式一般以电脑绘制的彩图为主,以总平面图为底图,作透明或去色处理,再在其上勾勒各分区边界,将各分区以不同颜色透明填充等,如图 7.6 所示。

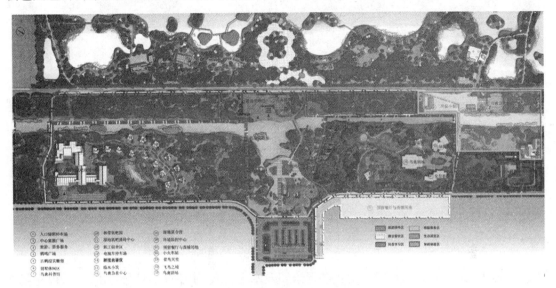

图 7.6　某湿地公园功能分区图

7.2.3.5　布局结构图

规划设计布局结构是为了把众多的规划设计对象组织在科学的结构规律或模型关系之中,以便针对规划设计对象的性能和作用结构,进行合理的规划设计配置,实施结构内部各要素间的本质性联系、调节和控制,使其有利于规划设计对象在一定的结构整体中发挥应有作用,也有利于满足规划设计目标对其结构整体的功能要求。布局结构方案的形成可以概括为三个阶段:首先要界定规划设计内容组成及其相互关系 ,提出若干结构模式;然后利用相关信息资料对其分析比较,预测并选择布局结构;进而以发展趋势与结构变化对其反复检验和调整,并确定布局结构方案。在布局结构的分析、比较、调整和确定过程中,要充分掌握结构,系统有效地控制点、线、面等三个结构要素,解决节点(枢纽或生长点)、轴线(走廊或通道)、片区(网眼)之间的本质联系和约束条件,以保证选出最佳方案或满意方案。

图纸主要标明用地边界、景观轴线、景观节点、景观片区等,图纸比例同总平面图,图纸表现形式一般以电脑绘制的彩图为主,以总平面图为底图,作透明或去色处理,再在其上标注节点、轴线、片区符号图例等,如图 7.7 所示。

7.2.3.6　交通分析图

风景园林项目中所研究的交通主要以园路及水路为主,按照区域划分可分为内部交通和外部交通;按照交通状态分可分为动态交通和静态交通;按照交通工具划分可分为车行、人行及船行交通等。风景园林项目交通分析图主要用以分析项目场地内外交通功能与交通组织,需要标明主要出入口、各级道路、水上游线、人流集散广场、停车场及码头布局等。图纸比例同总平面图,图纸表现形式一般以电脑绘制的彩图为主,以总平面图为底图,作透明或去色处理,

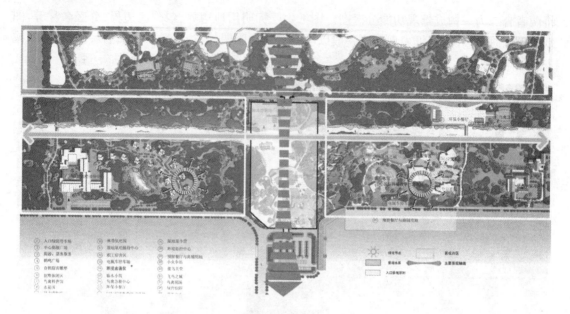

图 7.7　某湿地公园布局结构图

再在其上以不同的线性或颜色区分出各级道路及水上游线，用不同的符号标出广场、停车场及码头等设施用地，如图 7.8 所示。

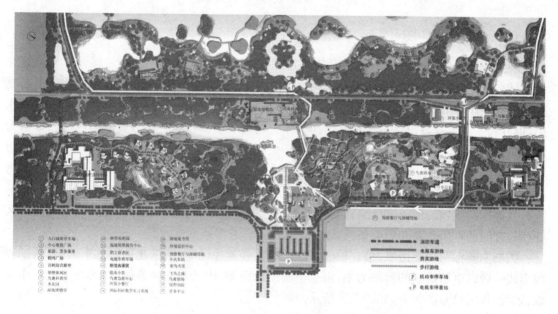

图 7.8　某湿地公园项目交通分析图

7.2.3.7　竖向设计图

竖向设计亦称竖向规划是规划场地设计中一个重要的有机组成部分，它与规划设计、总平面布置密切联系而不可分割。建设场地是不可能全都处在设想的地势地段。建设用地的自然地形往往不能满足风景园林项目对场地布置的要求，在场地设计过程中必须进行场地的竖向设计,将场地地形进行竖直方向的调整,充分利用和合理改造自然地形,合理选择设计标高,使之满足风景园林建设项目的使用功能要求。做好场地的竖向设计,对于降低工程成本、加快建设进度具有重要的意义。

竖向设计的内容主要有地形设计、园路广场桥涵和其他铺装场地的设计、建筑和其他园林小品、植物种植在高程上的要求、排水设计、管道综合等。

竖向设计的表示方法主要有设计标高法、设计等高线法和局部剖面法三种。一般来说,平坦场地或对室外场地要求较高的情况常用设计等高线法表示,坡地场地常用设计标高法和局部剖面法表示。设计标高法也称高程箭头法,该方法根据地形图上所指的地面高程,确定道路控制点(起止点、交叉点)与变坡点的设计标高和建筑室内外地坪的设计标高,以及场地内地形控制点的标高,并将其标注在图上。设计道路的坡度及坡向,反映为以地面排水符号(即箭头)表示不同地段、不同坡面地表水的排除方向。设计等高线法是用等高线表示设计地面、道路、广场、停车场和绿地等的地形设计情况。设计等高线法表达地面设计标高清楚明了,能较完整表达任何一块设计用地的高程情况;局部剖面法可以反映重点地段的地形情况,如地形的高度、材料的结构、坡度、相对尺寸等,用此方法表达场地总体布局时台阶分布、场地设计标高及支挡构筑物设置情况最为直接,对于复杂的地形必须采用此方法表达设计内容。

竖向设计图主要包括平面图及局部剖面图等。平面图主要标明设计地形等高线与原地形等高线、主要控制点高程、水体的常水位、最高水位与最低水位、水底标高等信息。图纸比例同总平面图,图纸表现形式一般以电脑绘制彩图为主,以总平面图为底图,作透明或去色处理,再在其上以标注标高信息,地形等高线或水体等深线通常也可用不同深浅的颜色填充来表示,如图 7.9 所示。局部剖面图主要标明地形的高度、材料的结构、坡度、相对尺寸等信息。图纸比例按要求绘制,图纸表现形式一般以电脑绘制的彩图或手绘彩图为主,如图 7.10 所示。

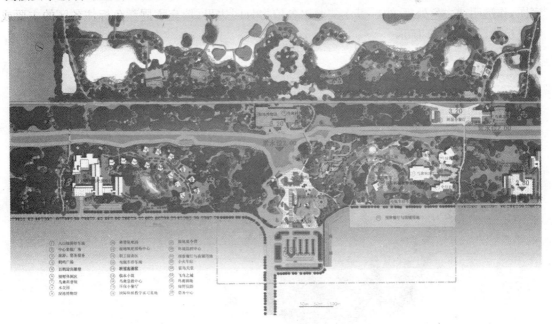

图 7.9 某湿地公园竖向规划平面图

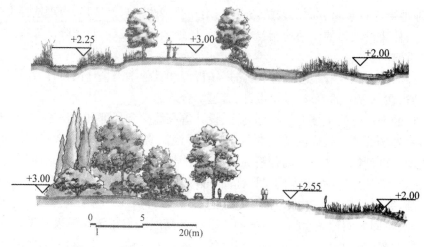

图 7.10　某湿地公园竖向设计剖面图

7.2.3.8　种植规划图

在运用植物进行园林设计时,风景园林师通常对园址进行分析,了解园址现状和发掘园址中的可利用因素,以及审阅工程委托人的要求后来进行植物种植规划,在这一阶段,需要研究大面积种植的区域,一般不考虑需使用何种植物,或各单株植物的具体分布和配置。此时,设计师所关心的仅是植物种植区域的位置和相对面积,而不是在该区域内的植物配植。我们把这种图称为"种植规划图"。种植规划图是方案阶段种植设计的主要图纸,一般标明植物分区、各区的主要或特色植物(含乔木、灌木),标明保留或利用的现状植物,标明乔木和灌木的平面布局等信息。图纸比例同总平面图,图纸表现形式一般以电脑绘制的彩图为主,以总平面图为底图,作透明或去色处理,再在其上勾画出各植物分区边界,填充不同颜色标注各区的主要或特色植物,如图 7.11 所示。

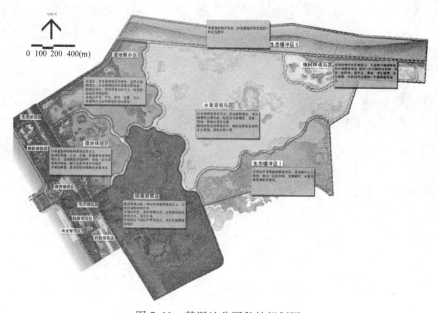

图 7.11　某湿地公园种植规划图

7.2.3.9　主要景点设计图

　　主要景点设计是方案设计的重要组成部分。主要景点设计图是详细、直观表现方案特征特色的设计图纸,主要包括景点放大平面图、景点设计效果图或意向图等。

　　景点放大平面图是在总图设计的基础上,将局部景观节点放大比例以表达更为详尽的园林景观设计元素。图纸主要标明出入口位置、设计地形等高线、设计植物、设计水体、设计园路铺装场地、景观建筑小品等,图纸比例按要求绘制,图纸表现形式一般以电脑绘制的彩图为主,如图7.12所示。

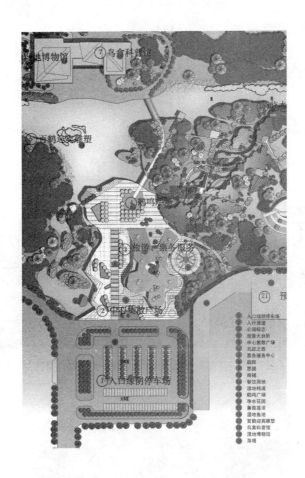

图7.12　某湿地公园入口节点放大平面图

　　景点设计意向图或效果图是以更为直观的方式体现景点设计内容的图纸。意向图主要是指用表达设计意图的意向照片等来表示设计直观效果,如图7.13所示;景点设计效果图主要是基于场地设计的平面图,以三维立体的形式进行表现,可分为局部透视图和鸟瞰图,通常以电脑制作为主,如图7.14、图7.15所示。

图 7.13　某湿地公园入口节点设计意向图

图 7.14　某湿地公园入口节点设计局部透视图

图 7.15　某湿地公园入口节点设计鸟瞰图

7.2.3.10　其他必要的图纸

在初步设计阶段其他必要的图纸主要是指能够更好地表达设计内容及体现设计特色的图纸。比如前期的设计构思概念图、方案设计过程草图手稿、景观小品设施设计图或意向图、园路铺装设计图或意向图、其他专项规划设计图纸等。

7.3　初步设计(扩初设计)阶段图纸要求

一般在没有最终定稿之前的设计都统称为初步设计(通常也称扩初设计),初步设计阶段是连接方案设计与施工图设计的中间环节,是最终成果的前身,相当于一幅图的草图。初步设计阶段的制图,是在充分理解设计方案的基础上,对设计方案的深化和细化,结合各工种的要求分别绘制出指导施工图设计文件编制的各种图面,这些图应能基本表示出各项设计内容的尺寸、位置、形状、材料、种类、数量、色彩以及构造和结构。小型工程可不必经过这个阶段直接进入施工图。

7.3.1　设计文件内容

初步设计文件应包括主要设备或材料表、苗木表,通常是按比例运用 CAD 软件绘制,以白图或蓝图形式出图。

扩初设计阶段的文件内容主要包括以下几项内容:

(1)目录。

(2)设计说明书:包括设计总说明、各专业设计说明。

(3)设计图纸:按设计专业汇编。

(4)工程概算书。

7.3.2　设计文件深度基本要求

设计文件编制的基本要求是:

(1)应满足编制施工图设计文件的需要。

(2)应满足竖向设计、结构设计、给排水设计、电气设计、种植设计等各专业设计的平衡与协调。

(3)应能根据扩初设计编制工程概算。

(4)能提供申报有关部门审批的必要文件。

7.3.3　主要设计图纸及要求

初步设计阶段所要提供的图纸主要有总图(总平面图)、竖向设计图、种植设计图、园路、地坪和景观小品设计图、结构设计图、给水排水设计图、电气设计图等。图纸提供时注意以下几点:

（1）在对于规模较大、设计文件较多的项目，设计图纸可按专业成册。

（2）单独成册的设计图纸应有图纸总封面和图纸目录。

（3）各专业负责人的姓名和署名也可在本专业设计说明的首页上标明。

（4）具体图纸内容及要求雷同于施工图设计，参见施工图设计要求。

7.4　施工图设计阶段图纸要求

施工图设计阶段是将设计与施工连接起来的环节。根据设计方案，在初步设计的基础上，结合各工种的要求分别绘制出能具体、准确地指导施工的各种图，这些图应能清楚、准确地表示出各项设计内容的尺寸、位置、形状、材料、种类、数量、色彩以及构造和结构。绘制施工图，是在充分理解设计方案的基础上，深入分析施工工艺的细节构成，让设计师的创意、构想能够在现有工艺、材料、施工水平的条件下得以实施。施工图制图能力是需要在现场长年磨炼出来的，实施必须有现场技术指导的配合，将初始方案的意图一直贯彻下去，直至竣工。

7.4.1　设计文件内容

施工图设计阶段图纸文件内容主要包括以下内容：

（1）目录：按设计专业排列。

（2）设计说明：一般工程按设计专业编写施工图说明；大型工程可编写总说明。设计说明的内容以诠释设计意图、提出施工要求为主。

（3）设计图纸：按设计专业汇编。

（4）施工详图：按设计专业汇编，也可并入设计图纸。

（5）套用图纸和通用图：按设计专业汇编，也可并入设计图纸。

（6）必要时可编制工程预算书且单独成册。

7.4.2　设计文件深度基本要求

设计文件编制的基本要求是：

（1）应满足施工、安装及植物种植需要。

（2）应满足施工材料采购、非标准设备制作和施工的需要。

（3）对于将项目分别发包给几个设计单位或实施设计分包的情况，设计文件相互关联处的深度应当满足各承包或分包单位设计的需要。

7.4.3　主要设计图及绘制要求

7.4.3.1　总图（总平面图）

1）图纸内容

总图（总平面图）根据工程需要，可分幅表示，比例一般采用1∶500、1∶1000、1∶2000，常包含以下方面的内容:指北针或风玫瑰图;设计坐标网及其与城市坐标网的换算关系;单项的名称、定位及设计标高;采用等高线和标高表示设计地形;保留的建筑、地物和植被的定位和区域;园路等级和主要控制标高;水体的定位和主要控制标高;绿化种植的基本设计区域;坡道、桥梁的定位;围墙、驳岸等硬质景观的定位;正确的定位尺寸、控制尺寸和控制标高;工程特点需求的其他设计内容。

2)绘制方法

(1)绘制设计平面图。

(2)根据需要确定坐标原点及坐标网格的精度,绘制测量和施工坐标网。

(3)标注尺寸、标高。

(4)绘制图框、比例尺、指北针,填写标题、标题栏、会签栏,编写说明及图例表。

3)绘制要求

(1)布局与比例。图纸应按上北下南方向绘制,根据场地形状或布局,可向左或右偏转,但不宜超过 45°。施工总平面图一般采用 1:500、1:1000、1:2000 的比例绘制。

(2)图例。在 GB/T5013~2001《总图制图标准》中规定了建筑物、构筑物、道路、铁路以及植物等的图例,具体内容参见相应的制图标准。如果由于某些原因必须另行设定图例时,应该在总图上绘制专门的图例表进行说明。

(3)图线。在绘制总图时应该根据具体内容采用不同的图线。

(4)单位。施工总图中的坐标、标高宜以米为单位,至少取至小数点后两位,不足时以 0 补齐。详图宜以毫米为单位,如不以毫米为单位,应另加说明。建筑物、构筑物、铁路、道路方位角(或方向角)和铁路、道路转向角的度数,宜注写到秒,特殊情况,应另加说明。道路纵坡度、场地平整坡度、排水沟沟底纵坡度宜以百分计,并取至小数点后一位,不足时以 0 补齐。

(5)坐标网格。坐标分为测量坐标和施工坐标。测量坐标为绝对坐标,测量坐标网应画成交叉十字线,坐标代号宜用 X、Y 表示。施工坐标为相对坐标,相对零点通常宜选用已有建筑物的交叉点或道路的交叉点。为区别于绝对坐标,施工坐标用大写英文字母 A、B 表示。施工坐标网格应以细实线绘制,一般画成 100m×100m 或者 50m×50m 的方格网,当然也可以根据需要调整。对于面积较小的场地可以采用 5m×5m 或者 10m×10m 的施工坐标网。

(6)坐标标注。坐标宜直接标注在图上,如图面无足够位置,也可列表标注,如坐标数字的位数太多时,可将前面相同的位数省略,其省略位数应在附注中加以说明。建筑物、构筑物、铁路、道路等应标注下列部位的坐标:建筑物、构筑物的定位轴线(或外墙线)或其交点;圆形建筑物、构筑物的中心;挡土墙墙顶外边缘线或转折点。表示建筑物、构筑物位置的坐标,宜标注其三个角的坐标,如果建筑物、构筑物与坐标轴线平行,可标注对角坐标。平面图上有测量和施工两种坐标系统时,应在附注中注明两种坐标系统的换算公式。

(7)标高标注。建筑物、构筑物、铁路、道路等应按以下规定标注标高:建筑物室内地坪,标注图中±0.00 处的标高,对不同高度的地坪,分别标注其标高;建筑物室外散水,标注建筑物四周转角或两对角的散水坡脚处的标高;构筑物标注其有代表性的标高,并用文字注明标高所指的位置;道路标注路面中心交点及变坡点的标高;挡土墙标注墙顶和墙脚标高;路堤、边坡标注坡顶和坡脚标高,排水沟标注沟顶和沟底标高;场地平整标注其控制位置标高;铺砌场地标注其铺砌面标高。

（8）如设计内容繁多，宜对其中某一内容进行单独列项（放线、分区索引、铺装等）。

7.4.3.2　竖向设计施工图

竖向设计指的是在一块场地中进行垂直于水平方向的布置和处理，也就是地形高程设计。

1）图纸内容

竖向设计施工图一般包括竖向设计平面图、土方工程施工图、假山造型设计、竖向剖面（断面）图等。

（1）平面图。平面图比例一般采用 1：200～1：500；平面图内标明基地内坐标网，坐标值应与总图的坐标网一致；同时还标明人工地形（包括山体和水体）的等高线或等深线（或用标高点进行设计），设计等高线高差为 0.10～1.00m；另外还标明基地内各项工程平面位置的详细标高，如建筑物、绿地、水体、园路、广场等标高，并要标明其排水方向。

（2）土方工程施工图。土方工程施工图要标明进行土方工程施工地段内的原标高，计算出挖方和填方的工程量与土石方平衡表。

（3）假山造型设计图。假山造型设计图应包括平面、立面（或展开立面）及剖面图，同时还要说明假山材料、形式和艺术要求并标明主要控制尺寸和控制标高。

（4）竖向剖面（断面）图。地形复杂的应绘制必要的地形竖向剖面图，该类图应画出场地内地形变化最大部位处的剖面图同时标明建筑、山体、水体等的标高，标明设计地形与原有地形的高差关系，并在平面图上标明相应的剖线位置等。

2）绘制要求

（1）计量单位。通常标高的标注单位为米，如果有特殊要求应该在设计说明中注明。

（2）线型。竖向设计图中比较重要的就是地形等高线，设计等高线用细实线绘制，原有地形等高线用细虚线绘制，汇水线和分水线用细单点长画线绘制。

（3）坐标网格及其标注。坐标网格用细实线绘制，网格间距取决于施工的需要以及图形的复杂程度，一般采用与施工放线图相同的坐标网体系。对于局部的不规则等高线，或者单独作出施工放线图，或者在竖向设计图纸中局部缩小网格间距，提高放线精度。竖向设计图的标注方法同施工放线图，针对地形中最高点、建筑物角点或者特殊点进行标注。

（4）地表排水方向和排水坡度。用箭头表示排水方向，并在箭头上标注排水坡度。对于道路或者铺装等区域除了要标注排水方向和排水坡度之外，还要标注坡长，一般排水坡度标注在坡度线的上方，坡长标注在坡度线的下方，如：$i=0.3\%$　$L=100$ 表示坡长 100m，坡度为 0.3%。其他方面的绘制要求与施工总平面图相同。简单的工程的竖向平面图可与总平面设计图合并绘制，如图 7.16 所示。

3）注意事项

（1）坐标原点的选择：固定的建筑物，构筑物角点，或者道路交点，或者水准点等。

（2）网格的间距：根据实际面积的大小及其图形的复杂程度调整间距大小。

（3）不仅要对平面尺寸进行标注，同时还要对立面高程进行标注（高程、标高）。

（4）绘图时，应写清楚各个小品或铺装所对应的详图标号。

（5）图纸中对于面积较大的区域应给出索引图（对应分区形式）。

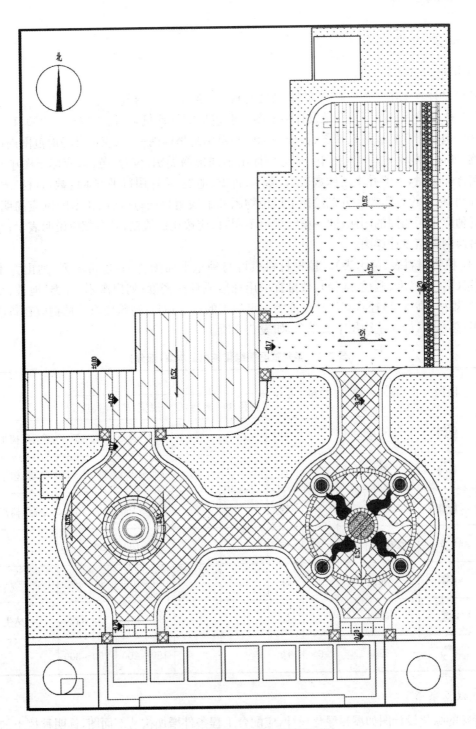

图 7.16 某别墅庭院竖向设计平面图

7.4.3.3　种植设计图

1）图纸内容

种植设计施工图一般包括平面图、植物材料表（苗木表）等内容。

（1）种植设计平面图。种植设计平面图一般包括图纸比例，比例采用1∶200、1∶300、1∶500；包括指北针或风玫瑰图；设计坐标应与总图的坐标网一致；应标出场地范围内拟保留的植物，如属古树名木应单独标出；应分别标出不同植物类别、位置、范围；应标出图中每种植物的名称和数量，一般乔木用株数表示，灌木、竹类、地被、草坪用每平方米的数量（株）表示；种植设计图，根据设计需要宜分别绘制上层植物图和下层植物图；选用的树木图例应简明易懂，同一树种应采用相同的图例；同一植物规格不同时，应按比例绘制，并有相应说明表示；重点景区宜另绘制种植设计详图。

（2）植物材料表（苗木表）。植物材料表可与种植平面图合一，也可单列；列出乔木的名称、规格（胸径、高度、冠径、地径）、数量宜采用株数或种植密度；列出灌木、竹类、地被、草坪等的名称、规格（高度、蓬径），其设计深度需满足施工的需要；对有特殊要求的植物应在备注栏加以说明；必要时，标注植物拉丁文学名，如表7.2所示。

表7.2　某别墅庭院绿化种植苗木表（部分）

序号	图例	苗木名称	数量	单位	规格/cm				备　注
					胸径/Φ	地径/D	冠幅/P	高度 H	
1		实生银杏	3	株	15		300～350	600～700	全冠、树形优美
2		紫薇	4	株		10	200～250	250～300	全冠、树形优美
3		五针松	2	株			120～150	150～180	全冠、树形优美
4		红花桎木球	10	株			80～100	80～100	
5		苏铁	4	株			80～100	80～100	
6		蜡梅	8	株			80～100	150～180	丛生
7		茶梅	6	株			150～200	250～300	

2）注意事项

特殊的绿化设计图如屋顶绿化设计，应配合工程条件增加构造剖面图，标明种植土的厚度及标高，滤水层、排水层、防水层的材料及树木固定装置，选用新材料应注明型号和规格。

7.4.3.4　平面分区图

根据工程情况，总平面图可分幅表示，平面分区图在总平面区上表示分区及区号、分区索引。分区应明确，不宜重叠，用方格网定位放大时，标明方格网基准点（基准线）位置坐标、网格间距尺寸、指北针或风玫瑰图、图纸比例等。

7.4.3.5 各分区放大平面图

各分区放大平面图常用比例 1 ： 100～1 ： 200,表示各类景点定位及设计标高,标明分区网格数据及详图索引、指北针(风玫瑰图)、图纸比例。绘制要求同总图的绘制要求。

7.4.3.6 详图

园林设计详图主要包括水景详图、园路铺装详图、景观建筑及小品详图等。

1) 水景详图

水景详图常用比例 1 ： 10～1 ： 100。水景详图包括平面图、立面图、剖面图三种:平面图表示水景定位尺寸、细部尺寸、水循环系统构筑物位置尺寸、剖切位置、详图索引等内容;立面图表示水景立面细部尺寸、高度、形式、建饰纹样、详图索引等内容;剖面图表示水深、池壁、池底构造材料做法,节点详图等内容。

2) 园路铺装详图

园路铺装详图包括平面图、构造详图:平面图表示铺装纹路、放大细部尺寸、标注材料、色彩、剖切位置,详图索引等内容;构造详图标注园路铺装的构造做法、常用比例 1 ： 5～1 ： 50。如果是广场、平台设计应有场地排水、伸缩缝等节点的技术措施;园路设计应有纵坡、横坡要求及排水方向,排水措施应表达清晰,路面标高应满足连贯性的施工要求;如果是木栈道设计应有材料保护、防腐的技术要求;如果是台阶、踏步和栏杆设计在临空、临水状态下应满足安全高度。

3) 景观建筑

景观建筑详图的图纸比例一般为 1 ： 10～1 ： 100;包括平面图、顶视平面图、立面图等。平面图表示承重墙、柱及其轴线(注明标高)、轴线编号、轴线间尺寸(柱距)、总尺寸、外墙或柱与轴线关系尺寸及与其相关的坡、散水、台阶、花池等尺寸及剖面位置,同时还包括详图索引、节点详图以及顶视平面图详图索引。立面图表示立面外轮廓、各部位形状花饰、高度尺寸及标高、各部位构造部件(如雨篷、挑台、栏杆、坡道、台阶、落水管等)尺寸、材料、颜色、剖切位置、详图索引及节点详图等内容。剖面图应包括单体剖面、墙、柱、轴线及编号,各部位高度或标高,构造做法、详图索引等内容。

4) 景观小品

图纸比例一般为 1 ： 10～1 ： 100,如墙、台、架、桥、栏杆、花坛、坐椅等的比例一般都采取此种比例。景观小品的平面图一般包括平面尺寸及细部尺寸、剖切位置、详图索引。立面图包括景观小品的式样高度、材料、颜色,详图索引。剖面图则标明构造做法、节点详图等内容。

7.4.3.7 结构设计

对于简单的园林景观建筑、小品等需配相关结构专业图的工程,可以将结构专业的说明、图纸在相关的园林景观专业图纸中表达,不再另册出图(内部归档需要计算书)。

1) 基础平面图

基础平面图应绘出定位轴线,基础构件的位置、尺寸、底标高、构件编号等内容。

2）结构平面图

结构平面图应绘出定位轴线，以及所有结构构件的定位尺寸和构件编号，并在平面图上注明详图索引号。

3）构件详图

构件详图中常见的有扩展基础、钢筋混凝土构件、预埋件等。扩展基础应绘出剖面及配筋，并标注尺寸、标高、基础垫层等；钢筋混凝土构件应有梁、板、柱等详图应绘出标高及配筋情况、断面尺寸等；预埋件应绘出平面、侧面，注明尺寸、钢材和锚筋的规格、型号、焊接要求等。

4）景观构筑物详图

常见的有水池、挡土墙等构筑物，应绘出平面、剖面及配筋，注明定位关系、尺寸、标高等。

7.4.3.8 给水排水设计

给水排水设计图纸主要包括给水排水总平面图、水泵房平、剖面图或系统图、水池配管及详图、主要设备表等，如图 7.17 所示。

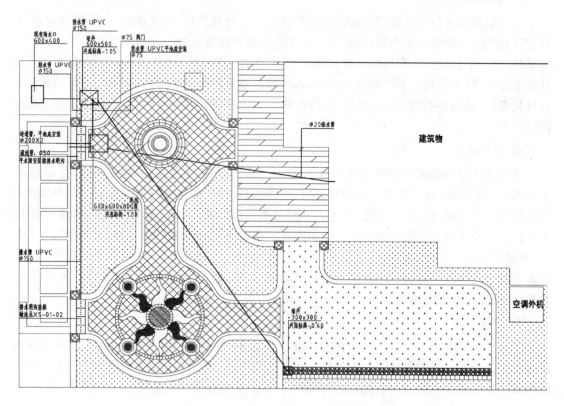

图 7.17 某别墅庭院给水设计平面图

（1）给水排水总平面图。

给水排水总平面图图纸比例一般采用 1：300、1：500。包括全部给水管网及附件的位置、型号和详图索引号，并注明管径、埋置深度或敷设方法；全部排水管网及构筑物的位置、型号及详图索引号，并标注检查井编号、水流坡向、井距、管径、坡度、管内底标高等；标注排水系统与市政管网的接口位置、标高、管径、水流坡向。另外对于较复杂工程,应分别列出给水、排水总平面图。简单的工程可以绘在一张图上。

（2）水泵房平、剖面图或系统图。

（3）水池配管及详图。

（4）凡由供应商提供的设备如水景、水处理设备等应由供应商提供设备施工安装图,设计单位加以确定。

（5）主要设备表。分别列出主要设备、器具、仪表及管道附件配件的名称、型号、规格(参数)、数量、材质等。

7.4.3.9　电气照明

园林中的电气照明图主要包括电气干线总平面图、电气照明总平面图、配电系统图以及主要设备材料表。

（1）电气干线总平面图(仅大型工程电气图此图)。图纸比例一般采用1 ∶ 500、1 ∶ 1000。包括电气照明子项名称或编号;变配电所、配电箱位置、编号,高低压干线走向,标出回路编号;说明电源电压、进线方向、线路结构和敷设方式。

（2）电气照明总平面图。图纸比例一般采用1 ∶ 300,1 ∶ 500。包括照明配电箱及路灯、庭园灯、草坪灯、投光灯及其他灯具的位置;应说明路灯、庭园灯、草坪灯及其他灯的控制方式及地点。还包括特殊灯具和配电(控制)箱的安装详图。

（3）配电系统图(用单线图绘制)。应标出电源进线总设备容量、计算电流、配电箱编号、型号及容量;注明开关、熔断器、导线型号规格、保护管管径和敷设方法;标明各回路用电设备名称、设备容量和相序等。园林景观工程中的建筑物电气设计深度应符合建设部颁布的《建筑工程设计文件编制深度规定》的规定。

（4）主要设备材料表。应包括高低压开关柜、配电箱、电缆及桥架、灯具、插座、开关等,应标明其型号规格、数量。如果只是简单的材料如导线、保护管等可不列出。

练习题

1. 以50×50(单位:m)方形场地为基地,进行小游园方案设计,并在方案基础上,完成整套施工图设计。(场地具体条件为:场地平整,东、南两侧连接城市道路,西、北两侧与居住小区相邻。)

2. 选取一块2hm^{2}左右的滨水场地作为基地,进行园林方案设计,并在方案基础上,进行竖向设计和植物配置。

附　录

附录1　园林景观设计施工图案例

某别墅庭院景观设计施工图

设计单位：某风景园林设计研究院

建设单位：某房地产开发建设有限公司

日期：2011.12

图 纸 目 录

图纸序号	图号	图名	图幅	比例	备注
（一）整体部分					
01	JS-00-01	图纸目录	A3		
02	JS-00-02	施工说明	A3		
（二）总图部分					
03	JS-01	景观平面图	A3	1:50	
04	JS-02	尺寸平面图	A3	1:50	
05	JS-03	索引平面图	A3	1:50	
06	JS-04	竖向平面图	A3	1:50	
07	JS-05	铺装平面图	A3	1:50	
（三）详图部分					
08	XS-01-01	剖面图	A3	1:25	
09	XS-01-02	剖面大详图	A3	1:10	
10	XS-02-01	花架详图	A3	见图	
11	XS-03-01	欧式圆亭平面图	A3	见图	
12	XS-03-02	欧式圆亭立面图、基础平面图	A3	1:30	
13	XS-03-03	欧式圆亭结构图	A3	见图	
14	XS-04-01	跌水景墙	A3	1:30	
15	XS-04-02	跌水景墙详图	A3	见图	
16	XS-05-01	玻璃廊架	A3	1:20	

图纸序号	图号	图名	图幅	比例	备注
（四）绿化部分					
17	LS-01	绿化施工说明及苗木表	A3		
18	LS-02	绿化种植总平面图	A3	1:50	
19	LS-03	上木种植平面图	A3	1:50	
20	LS-04	下木种植平面图	A3	1:30	
（五）电气部分					
	DS-01	景观照明平面图	A3	1:50	
	DS-02	景观照明系统图、电气施工设计说明	A3	见图	
（六）给排水部分					
	SS-01	排水平面图	A3	1:50	
	SS-02	喷泉水景平面图	A3	1:50	
	SS-03	水景系统图	A3	1:30	

图名 图纸目录　　日期 2011.12　　图号 JS-00-01

工程名称　某别墅庭院景观设计研究院　某风景庭院景观设计

景观施工说明

一、设计依据

《城市绿地设计规范》

《园林景观工程设计规范》

1.2 甲方提供前期规划、建筑设计资料及原相关资料。

1.3 甲方提供的设计规范图纸、建筑专业图纸，以及经确认的设计方案。

1.4 国家现行的有关规范及规定。

二、建设内容及位置

本工程建设内容为：别墅庭院、花池洗涤水景、欧式园等、花架等景观节点。

本工程景观节点，均在图中所处的位置及表引平面图中找列。

四、放线定位及竖向设计

三、坐标及竖向设计

4.1 图中的坐标和标高以米(m)为单位，详图中除坐标和标高以米(m)为单位，所有尺寸以毫米(mm)为单位控制。

4.2 主要道路、场地排水、广场等主要景点，详图尺寸以各主要景点。

4.3 绿地坡度、场地坡度以各地形而定，如与地形有出入可根据现场情况进行适当调整。

4.4 路面排水、穿地排水系统综合使用与设计均应与室外管线施工图配合使用。

4.5 对于平面图中未见尺寸或竖向标高，应从总图或详图中确定，施工方应与详图设计。

本工程竖向设计详平面图中注明竖向设计信息。

4.6 所有地面排水，应从建筑物基层或建筑外墙面向外找坡最小2%。

4.7 总平面图中道路竖向，坡向与道路横坡0.5%。

4.8 设计中的坐标、标高、排水坡度均按下列坡度设计：

* 广场与地面排水：如无标示，坡向排水沟，坡度0.5%；

* 台阶平台定位：如无标示，坡向排水沟，坡度1.5%；

* 种植区：如无标示，坡向排水方向，坡度2.0%；

* 排水明沟：如无标示，坡向集水口，坡度1.0%；

* 广场排水明沟：如无标示，坡向排水方向，坡度1.0%。

五、道路及广场

5.1 道路及广场：

广场面积大于100平方米时应设置伸缩缝；道路基层每隔6m应设置伸缩缝，缝宽10～20mm，缝宽无装指填，深50mm；

* 缝宽30mm，灌注建筑沥青膏；

* 地面、墙面石材铺装平整度允许偏差应≤2mm；地面地砖铺装缝隙和装饰偏差指材外应≤5mm；

* 所有的道路、广场铺装时，结合地面装饰每边缝每间隔6米设伸缩缝隙，每隔12米设伸缩缝一道。伸缩缝做法参见江苏省标图集《苏J08-2006》D/E/3；

* 各景点图纸、地面装饰做法和材料要求，见物料表引平面图及各节点详图。

5.2 未注明砖砌体均采用MU7.5砖、M5砂浆砌筑，未注明的垫层做法为：C10，灰土、垫层均采用8%灰土。

5.3 粉刷应达到以下指标要求：抹面以下指标要求的统一，所有部位干广场及地面层的松垫层。

5.4 为保证到位视觉景观效果均统一，所有的石材装饰材料，均应按照相关规范要求进行施工处理：

5.5 所有所有的石材装饰材料，均应做出以下：

* 石材安装前在石材背面做防水处理，再贴化粉钙侧丝网格布，形成防水层，但切不可忘记在侧面作涂刷处理。

六、装饰材料的选用

6.1 除采用新型材料要求外，施工过程中，所有景观外装材料必须提供小样样品，并经业主确认后方可施工，从而确保工程效果。

6.2 施工时应按图施工，地面装饰铺装数字如有误差，认可后作出细微调整。

6.3 成品木栅栏、栏杆等室外家具选型，由甲方与园林设计师的设计意图及景观区域的风格，由甲方与协同园林建筑师，最终选定相应的配套设备。

6.4 露出地面的树池、花台、绿地挡墙等均应与设计的溅水点一致，2～3米，数量现场确定。

6.5 施工工艺均依图集《室外工程》02J003；

七、室外电气

《环境景观－亭廊架》苏J01-2005。

江苏省工程建设标准《室外工程》苏J08-2006。

室外地下穿线管均采用地面处设□50（PVC）。

6.5 施工时应依图集《室外工程》02J003；

七

所有构筑物、景墙及台阶面应在落实设计意图及各区域是否有背景观照明灯具，有侧面照明灯的外部位应先放线出灯具位置。

八

确定设计人员和现场实际情况及施工人员，以便设计人针对现场实际进行，应与室外环境才完善设计的配合，电等）的配合，经本环境才施工前由本公司负责组织相关专业施工图设计，经本环境才由施工单位会通过后方可施工。

九

其它相关专业（结构、水、电等）的配合，应与室外环境才施工前，经本环境才由施工单位会通过后方可施工。

十

图中未注明的部分，均按现行国家相关标准及操作规程进行。

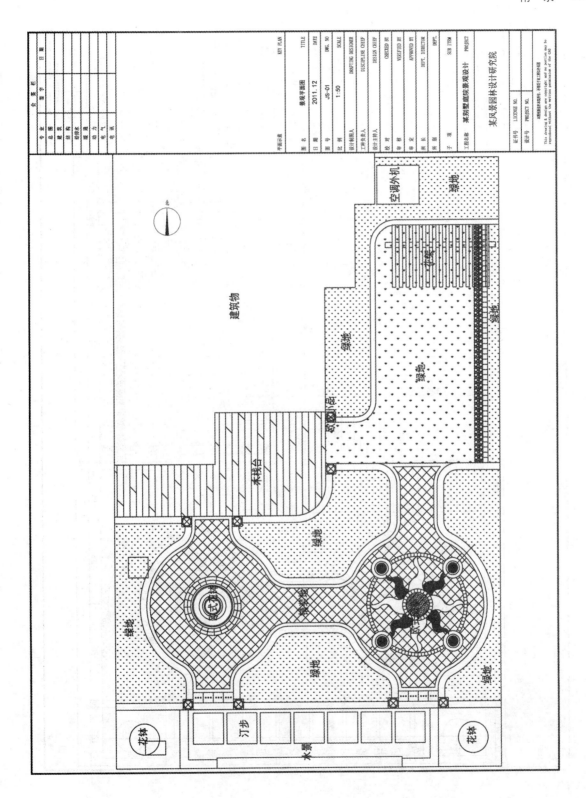

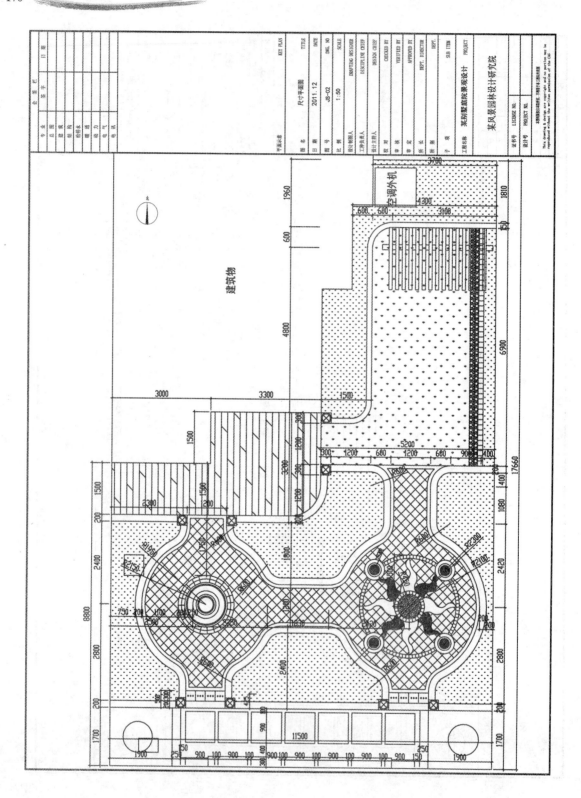

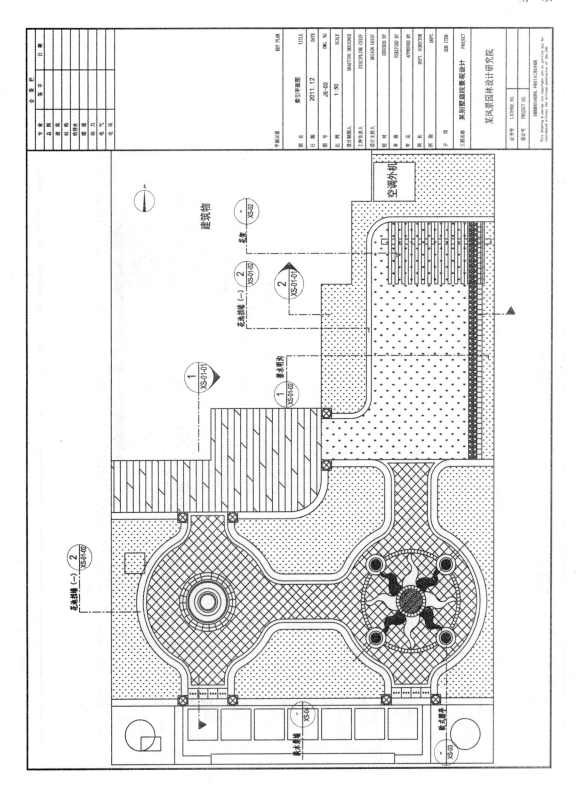

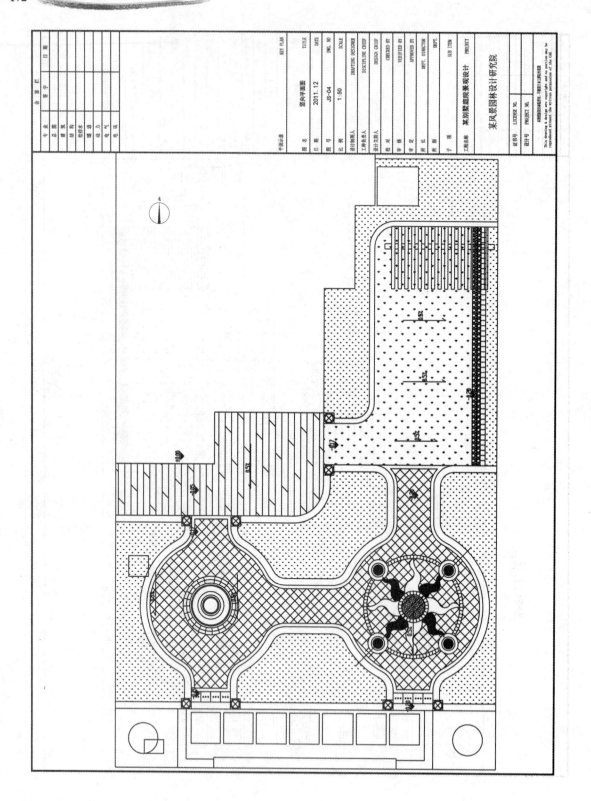

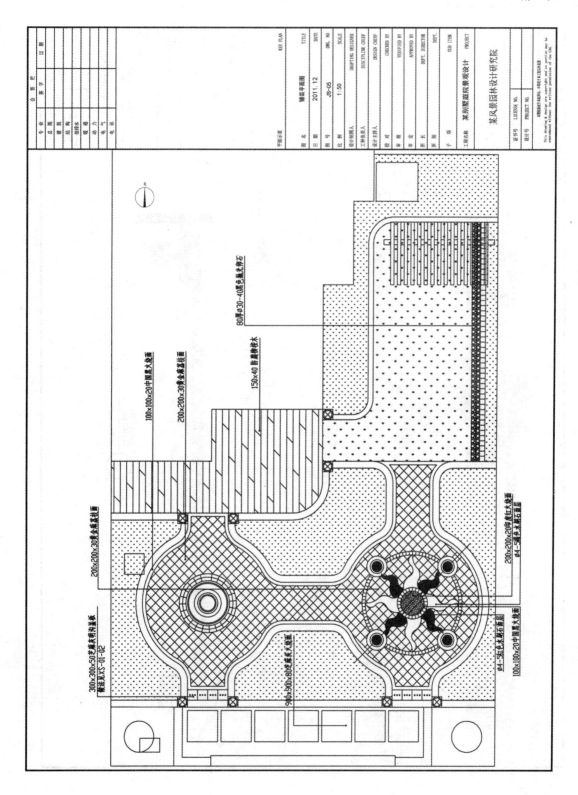

KEY PLAN
平面示意
TITLE 图 名 铺装平面图
DATE 日 期 2011.12
DWG. NO 图 号 JS-05
SCALE 比 例 1:50
DRAFTING DESIGNER 设计制图人
DISCPLINE CHIEF 工种负责人
DESIGN CHIEF 设计主持人
CHECKED BY 校 对
VERIFIED BY 审 核
APPROVED BY 审 定
DEPT. DIRECTOR 所 长
DEPT. 所 别
SUB ITEM 子 项
PROJECT 工程名称 某别墅庭院景观设计
某风景园林设计研究院
LICENSE NO. 证书号
PROJECT NO. 设计号
This drawing & design are copyright and no portion may be reproduced without the written permission of the CAC.

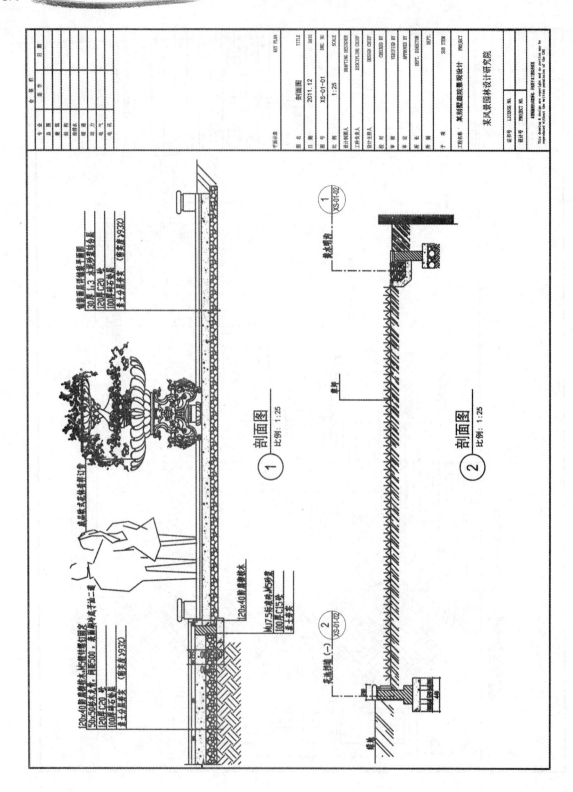

剖面图
比例: 1:25
①

剖面图
比例: 1:25
②

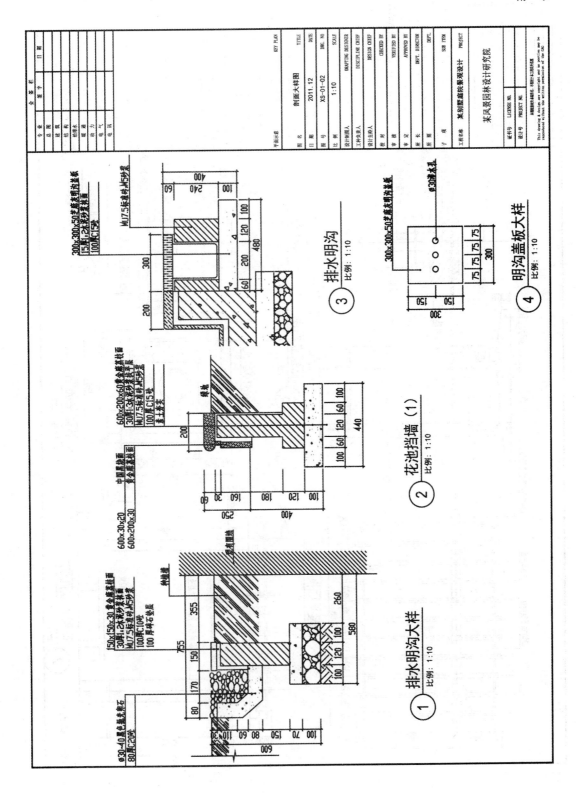

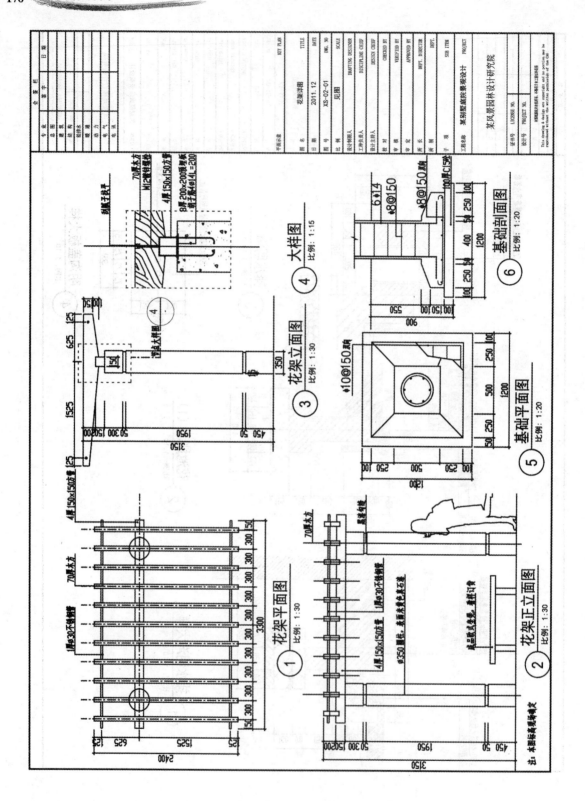

花架详图

花架平面图 比例：1:30 ①

花架正立面图 比例：1:30 ②

花架立面图 比例：1:30 ③

大样图 比例：1:15 ④

基础平面图 比例：1:20 ⑤

基础剖面图 比例：1:20 ⑥

某风景庭院景观设计

某别墅园林设计研究院

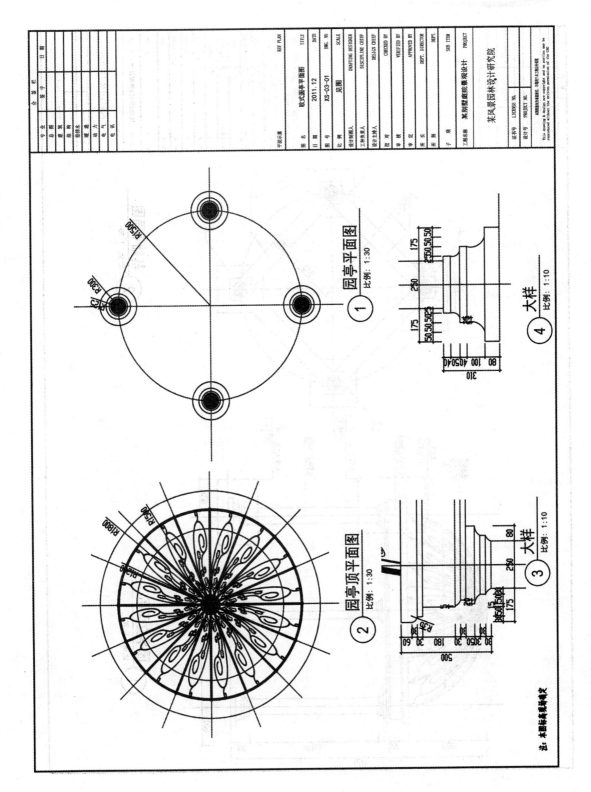

① 园亭平面图 比例：1:30

② 园亭顶平面图 比例：1:30

④ 大样 比例：1:10

③ 大样 比例：1:10

注：本图标高单位为米

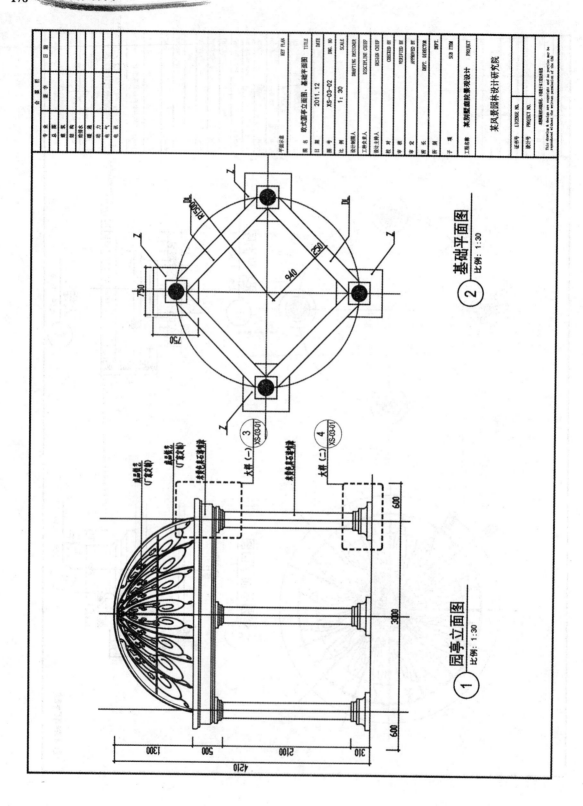

① 园亭立面图
比例: 1:30

② 基础平面图
比例: 1:30

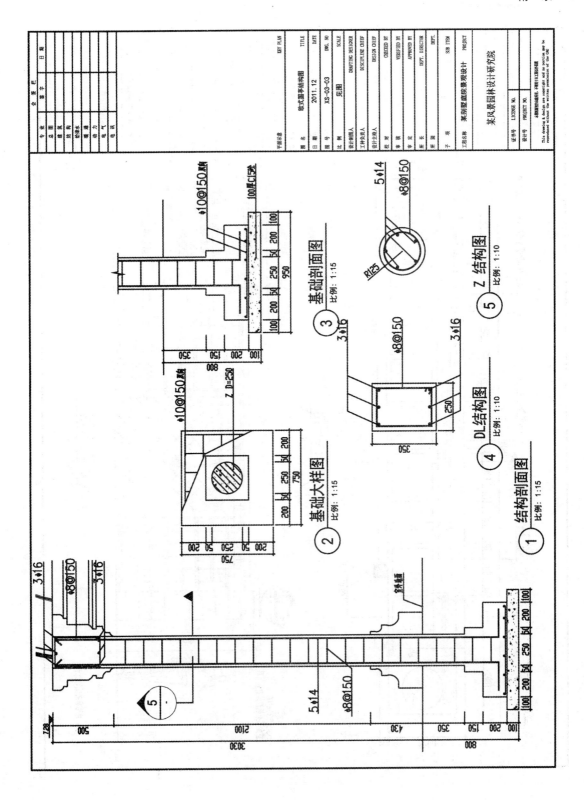

欧式凉亭结构图

专 业	总 图	会签栏

KEY PLAN
平面示意

TITLE 图 名 欧式凉亭结构图
DATE 日 期 2011.12
DWG. NO 图 号 XS-03-03
SCALE 比 例 见图
DRAFTING DESIGNER 设计制图人
DESIGN LINE DESIGNER 工种负责人
DESIGN CHIEF 设计主持人
CHECKED BY 校 对
VERIFIED BY 审 核
APPROVED BY 审 定
DEPT. DIRECTOR 所 长
DEPT. 所 测
SUB ITEM 子 项
PROJECT 工程名称 某别墅庭院景观设计

某风景园林设计研究院

LICENSE NO. 证件号
PRODUCT NO. 设计号

基础剖面图
③ 比例：1:15

⑤ Z 结构图 比例：1:10

DL结构图
④ 比例：1:10

基础大样图
② 比例：1:15

结构剖面图
① 比例：1:15

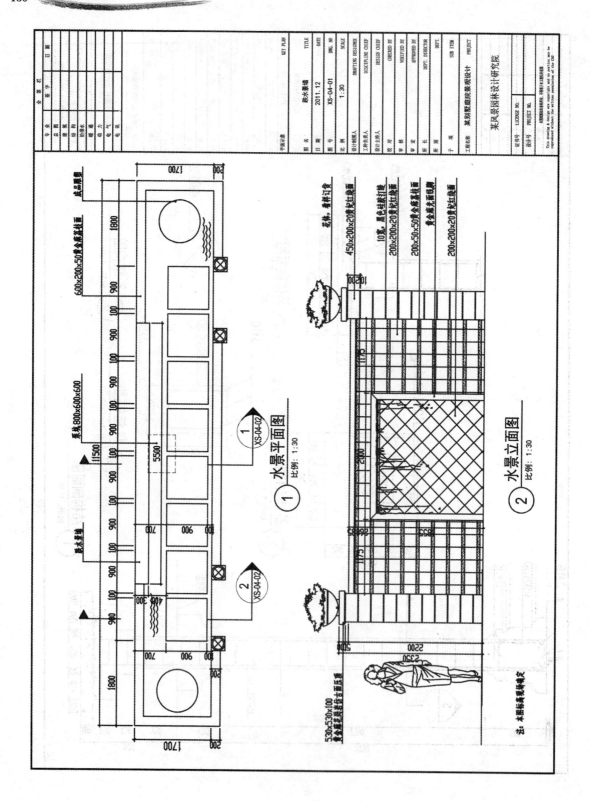

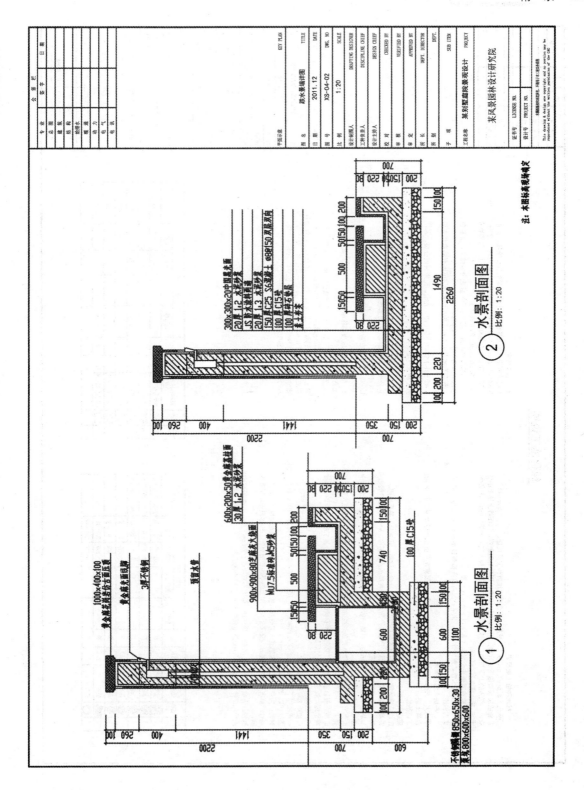

① 水景剖面图
比例: 1:20

② 水景剖面图
比例: 1:20

注: 本图标高详施水工图

某风景别墅庭院景观设计

某风景园林设计研究院

绿化施工说明

一、绿化种植土质量要求

1. pH值为5.5~7.5间砂质土。疏松，不含建筑垃圾和生活垃圾。
2. 种植层须与地下隔断层、沥青、石屑等隔断层，无碎石等，气味的上下贯通，草地要15cm内的任何方向上大于1cm的石块应小于3%。花、木等植物需覆盖完全各土（冬土以下为普通土壤）。
3. 土壤应渗水性良，弹性等物理、化学特性应良好改良栽植在种植原有的容器箱。
4. 种植土深度要求：草地土深不于30cm，花灌木要求大于50cm，乔木要求在种植土球周围大于50cm的合格土层。

二、基肥

建议用基肥：
1. 垃圾堆肥：利用垃圾堆集厂生产的垃圾堆肥经过筛，且无分拣热后施用。
2. 堆腐肥粪肥：为腐活生产场生产的腐熟后的优质肥泥诱混，捣成碎块（任何方向直径3~5cm同）施用。
3. 增泥：为垫塘沉积淤泥，经晒干后结构良好的优质泥诱混，捣成碎块（任何方向直径3~5cm同）施用。
4. 其它底肥或有机肥应经该工程单位同意后施用，用量按各工程量表中的苗木规格确定。
5. 堆沤腐熟粪肥按充分腐熟肥，半干状计算。基肥用量结合各工程量表中的苗木规格确定，要求与土拌匀后施用。

三、植物指标

1. 值物名称中文指以三语指标标准为准，半干状重。尺寸的基本参数，即树高（H）、胸径（Φ）、地径（D）。
2. 指定以下三语指标标准为准，半干状重。尺寸的基本参数，即树高（H）、胸径（Φ）、地径（D）。
3. 树高（H）：为苗木植时自然高度，乔木应尽量保留顶端生长点。
4. 冠径（P）：为苗木经观处生长的，苗木经规处生长的平均冠径值。
5. 陶径：为苗木高地1.2m处的平均直径。最大不应超过上限5cm，最小不能小于下限。
地径：在距离高地面高30cm处测量所得到的树（苗干直径）。

五、植物质量

1. 植物质量选用生长健康、树型饱满的优良植物，树木应展现其表，树木有主里（美观要求一侧为准）之分。株与树盖率达到90%以上，纯度达到88%以上，以成块草皮（30cm×30cm）的形式式铺成。
2. 严格按网格选苗，花灌木应选用等容器箱。所有苗木应无人为损伤，病虫害。
3. 严按网格选苗，花灌木应选用等容器箱。所有苗木应无人为损伤，病虫害。
4. 开花乔木及主景树在种植时必须保留原有的自然生长形态。
5. 截干乔木锯口处要干净，光滑，无撕裂或分裂。
6. 所有乔木都应为修整植苗。

六、树木支架

乔木种植后，应设置树木支架，视苗木大小使用双手脚门字型支架或人字型支架，或桩任用桩。支柱与树干相接部分要垫上棕片，以防磨伤树皮。

七、植物种植

1. 底与土球底在种植时接触间应铺一层约的10cm无杆树植土。净植土。
2. 苗木种植，应按现场确定苗木的高度技术同高。
3. 应在栽植现场确定苗木的品质或土质要求。草皮种植，草坪种植时，用土养匀，然后将块状草皮连续铺种，草皮块间隔小于2cm，然后用足踏实，待半干后打实3次以上，使草地均实，平整。
4. 草坪种植时隔缝满，与连续铺草坪，无分接缝。露天连续拍打3次以上，使草地均实，平整。
5. 其他苗本值物应按少安方法种植。

苗木表

序号	图例	苗木名称	数量	单位	胸径(Φ)	地径(D)	高度(H)	规格(cm) 冠径(P)	备注
1		尖叶银香	3	株	15		600~700	300~350	全冠、树形优美
2		紫薇	4	株			300~300	200~250	全冠、树形优美
3		红花檵木	2	株		10	250~300	120~150	全冠、树形优美
4		红花继木球	10	株			80~100	80~100	全冠、树形优美
5		苏铁	4	株			80~100	80~100	
6		棕榈	8	株			150~180	80~180	丛生
7		茶梅	6	株			250~300	150~200	

序号	图例	苗木名称	数量	单位	胸径(Φ)	地径(D)	高度(H)	冠径(P)	备注
8		地被月季	3.5	m²		20~30	15~20		49株/m²
9		茶花	2.5	m²		25~30	30~40		25株/m²
10		红花木	3.6	m²		50~50	50~60		25株/m²
11		地被构美	5.8	m²		30~40	30~40		36株/m²
12		金边枸骨叶美	7.1	m²					64株/m²
13		白茶花、墨竹	21.5	m²					满铺
14									

某风景园林设计研究院
某别墅建院景观设计
绿化施工说明及苗木表
LS-01
2011.12
PROJECT 工程名称
SUB ITEM 子项
DWG. NO 图号
DATE 日期
DRAFTING DESIGNER 设计制图人
DISCIPLINE CHIEF 工种负责人
DESIGN CHIEF 设计主持人
CHECKED BY 校核
VERIFIED BY 审定
APPROVED BY 所长
DEPT. DIRECTOR 院长
TITLE 图名
SCALE 比例
PLAN 平版图
KEY PLAN
LICENSE NO.
PROJECT NO.
会签栏 日期 签字
专业 总图 建筑 结构 给排水 暖通 动力 电气 电讯

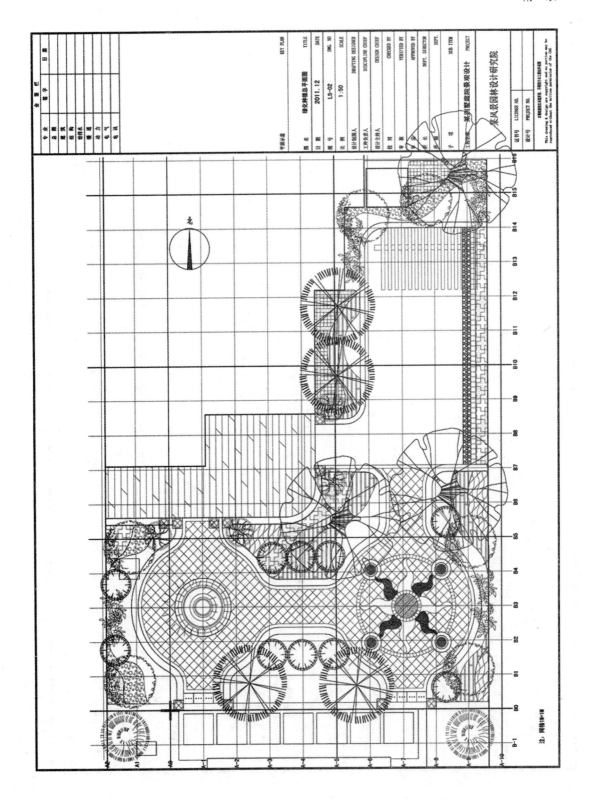

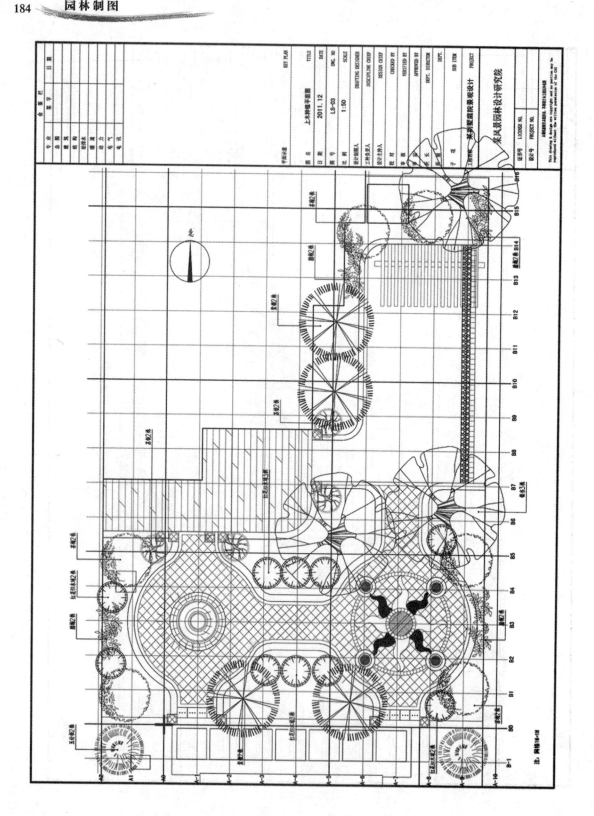

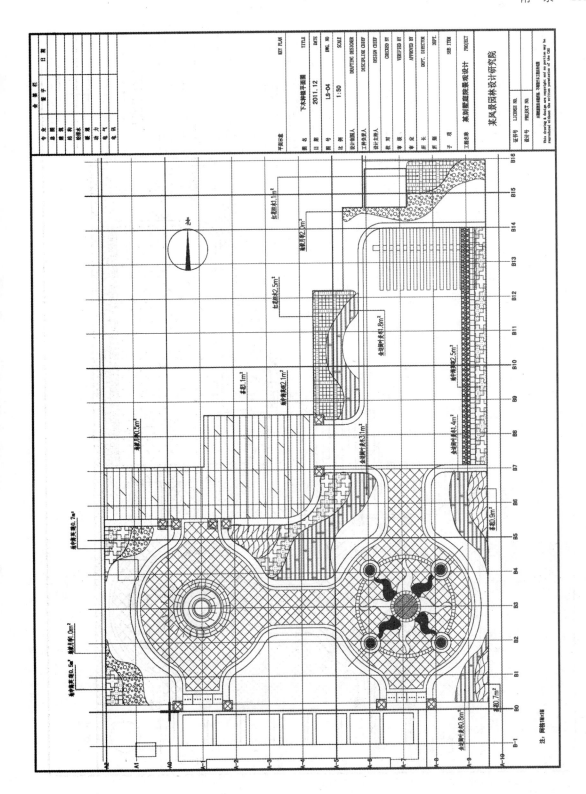

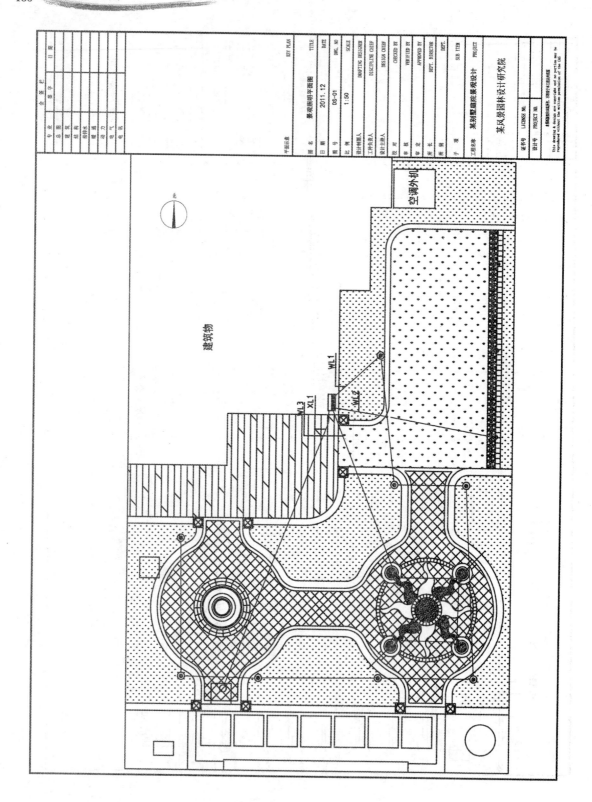

建筑物

空调外机

北

WL1

WL3

XL1

WL2

KEY PLAN	平面示意
TITLE 图 名	景观照明平面图
DATE 日 期	2011.12
DWG. NO 图 号	DS-01
SCALE 比 例	1:50
DRAFTING DESIGNER 设计制图人	
DISCIPLINE CHIEF 工种负责人	
DESIGN CHIEF 设计主持人	
CHECKED BY 校 对	
VERIFIED BY 审 核	
APPROVED BY 审 定	
DEPT. DIRECTOR 所 长	
DEPT. 所 期	
SUB ITEM 子 项	
PROJECT 工程名称	某别墅庭院景观设计

某风景园林设计研究院

LICENSE NO. 证书号	
PROJECT NO. 设计号	

会签栏	
专业	签字	日期
总图		
建筑		
给排水		
暖通		
动力		
电气		
电讯		

景观照明系统图

电气施工设计说明

一、概述

1. 本工程供电电源进户方式，2 各单元均设置进线总配电箱。
3. 配电箱安装见本工程选用图集。

二、配电系统及照明

1. 本工程电压为 380V/220V 供电电源，电源由单相三相，电源电源接箱进户。
   进户电源防护接地与接地。

1. 所采用低压电缆 YJV-5 电缆，敷设方式见系统图。
   不少于 0.6 米埋地敷设，过道电缆穿钢管或电缆护套管保护要求穿管。

3. 室内照明配线采用管，管内穿线不少于 PE 线（地 30×3），穿地配管敷设在采用管。

三、灯具照明

1. 本工程照明灯具均采用：A 灯草坪灯落地安装。
2. 灯具金属外壳均应做可靠接地。采用接地接地。
3. 灯具安装在采用可靠采用接地要求。采用防护等级不低于 IP55。
4. 本工程接地采用 30mm 扁钢。采用接地接地。
5. 本工程所用配电设备均应采用防护。

四、其它说明

1. 本标工程施工应按 JV 低压配电规范及采用要求。
   上过程，接地电阻的设计接地要求小于 0.8Ω。
3. 管敷地面采用接地做法。灯具安装至 1、2、L3 三相回路，点数安装至≤4 米。
   电设计在相同的采用设计不少于 0.5m。
4. 配电设备应根据现场实际安装尺寸，其各电管尺寸均采用在 1～1.8 米，各回管尺寸采用不同尺寸。
5. 本图未尽之处，请按照相应设计规范施工。

灯具表

序号	图例	灯具名称	数量	单位	功率	配电连接方式	控制与采光方式
1		草坪灯	8		26W	单相供电	手动
2		射灯	8		8W	单相供电	手动
3		射灯	3		75W	单相供电	手动
4		柱灯	1		1KW	三相供电	手动
5		地埋一					

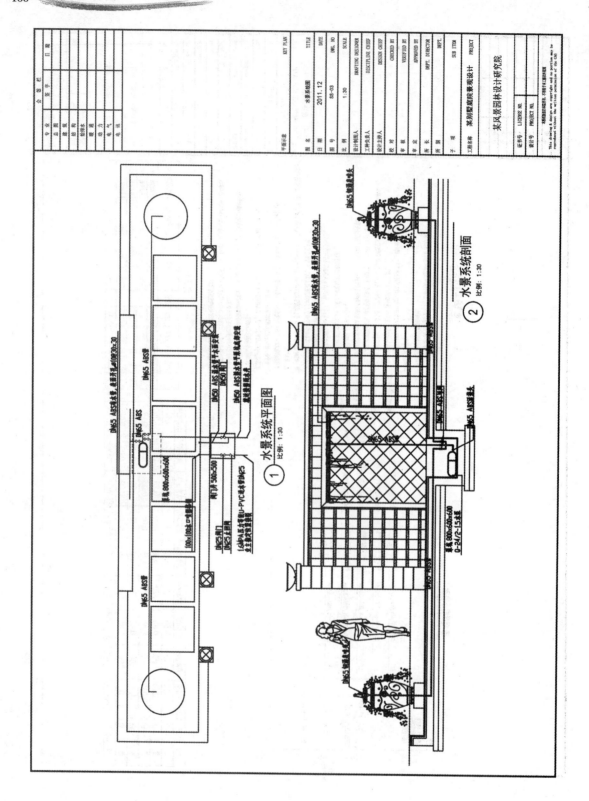

① 水景系统平面图　比例：1:30

② 水景系统剖面　比例：1:30

附录2　常用建筑材料图例

（摘自 GB/T50001-2001）

序号	名称	图 例	备 注
1	自然土壤		包括各种自然土壤
2	夯实土壤		
3	砂、灰土		靠近轮廓线绘较密的点
4	砂砾石、碎砖三合土		
5	石材		
6	毛石		
7	普通砖		包括实心砖、多孔砖、砌块等砌体。断面较窄不易绘出图例线时，可涂红
8	耐火砖		包括耐酸砖等砌体
9	空心砖		指非承重砖砌体
10	饰面砖		包括铺地砖、马赛克、陶瓷锦砖、人造大理石等
11	焦渣、矿渣		包括与水泥、石灰等混合而成的材料

（续表）

序号	名称	图　例	备　注
12	混凝土	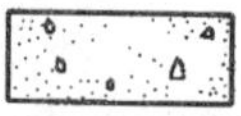	（1）本图例指能承重的混凝土及钢筋混凝土
13	钢筋混凝土		（2）包括各种强度等级、骨料、添加剂的混凝土 （3）在剖面图上画出钢筋时，不画图例线 （4）断面图形小，不易画出图例线时，可涂黑
14	多孔材料	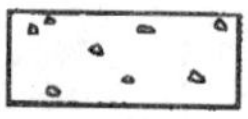	包括水泥珍珠岩、沥青珍珠岩、泡沫混凝土、非承重加气混凝土、软木、蛭石制品等
15	纤维材料		包括矿棉、岩棉、玻璃棉、麻丝、木丝板、纤维板等
16	泡沫塑料材料	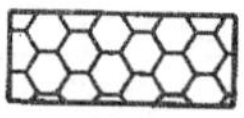	包括聚苯乙烯、聚乙烯、聚氨酯等多孔聚合物类材料
17	木材	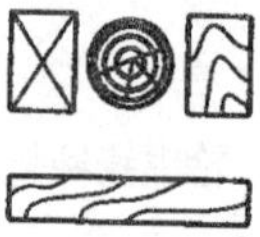	（1）上图为横断面，上左图为垫木、木砖或木龙骨 （2）下图为纵断面
18	胶合板	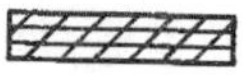	应注明为×层胶合板
19	石膏板	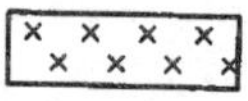	包括圆孔、方孔石膏板、防水石膏板等
20	金属		（1）包括各种金属 （2）图形小时，可涂黑
21	网状材料		（1）包括金属、塑料网状材料 （2）应注明具体材料名称
22	液体		应注明具体液体名称
23	玻璃		包括平板玻璃、磨砂玻璃、夹丝玻璃、钢化玻璃、中空玻璃、加层玻璃、镀膜玻璃等
24	橡胶		
25	塑料		包括各种软、硬塑料及有机玻璃等
26	防水材料		构造层次多或比例大时，采用上面图例
27	粉刷		本图例采用较稀的点

注：序号1、2、5、7、8、13、14、16、18、19、24、25图例中的斜线、交叉线、短斜线等均为45°。

附录3　总平面图图例

（摘自 GB/T50103-2001）

序号	名称	图例	说明	序号	名称	图例	说明
1	新建建筑物	8	1. 需要时，可用▲表示出入口，可在图形内右上角用点或数字表示层数 2. 建筑物外形（一般以±0.00高度处的外墙定位轴线或外墙面线为准）用粗实线表示。需要时，地面以上建筑用中粗实线表示，地面以下建筑用细虚线表示	9	新建的道路	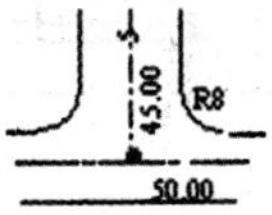R8 45.00 50.00	“R8”表示道路转弯半径为8m，“50.00”为路面中心控制点标高，“5”表示5%，为纵向坡度，“45.00”表示变坡点间距离
2	原有的建筑物		用细实线表示	10	原有的道路		
3	计划扩建的预留地或建筑物	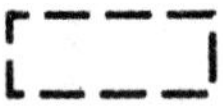	用中粗虚线表示	11	计划扩建的道路	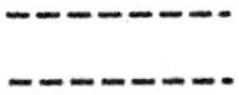	
4	拆除的建筑物	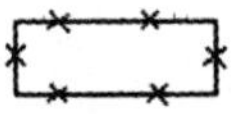	用细实线表示	12	拆除的道路	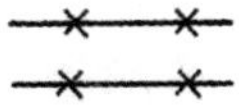	
5	坐标	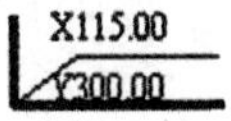X115.00 Y300.00	表示测量坐标	13	桥梁	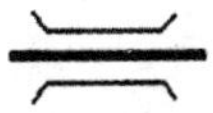	(1) 上图表示铁路桥，下图表示公路桥 (2) 用于旱桥时应注明
		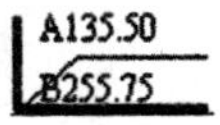A135.50 B255.75	表示建筑坐标			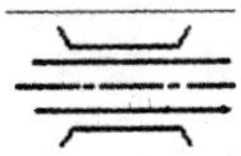	

（续表）

序号	名称	图例	说明	序号	名称	图例	说明
6	围墙及大门	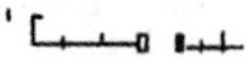	上图表示实体性质的围墙,下图表示通透性质的围墙,如仅表示围墙时不画大门	14	护坡		（1）边坡较长时,可在一端或两端局部表示（2）下边线为虚线时,表示填方
					填挖边坡		
7	台阶		箭头指向表示向下	15	挡土墙		被挡的土在"突出"的一侧
8	铺砌场地	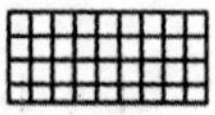		16	挡土墙上设围墙		

附录 4 《风景园林图例图示标准》

植物部分

序号	名 称	图 例	说 明
1	落叶阔叶乔木	 ⊙ ⊕	(1) 落叶乔、灌木均不填斜线
2	常绿阔叶乔木	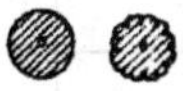 ◕ ◕	(2) 常绿乔、灌木加画 45°细斜线
3	落叶针叶乔木	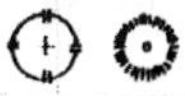 ⊕ ⊛	(3) 阔叶树的外围线用弧裂形或圆形线
4	常绿针叶乔木	 ⊛ ⊛	(4) 针叶树的外围线用锯齿形或斜刺形线 (5) 乔木外形成圆形 (6) 灌木外形成不规则形乔木图例中粗线小圆表示现有乔木,细线小十字表示设计乔木
5	落叶灌木	 ⊙ ⊙	(7) 灌木图例中黑点表示种植位置
6	常绿灌水	 ◕ ◕	(8) 凡大片树林可省略图例中的小圆、小十字及黑点
7	阔叶乔木疏林		
8	针叶乔木疏林		常绿林或落叶林根据图面表现的需要加或不加 45°细斜线
9	阔叶乔木密林		
10	针叶乔木密林	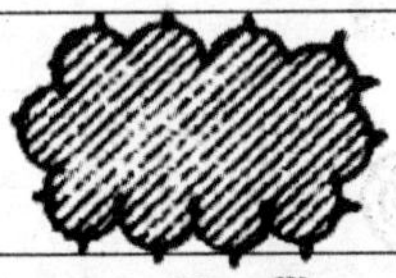	
11	落叶灌木疏林	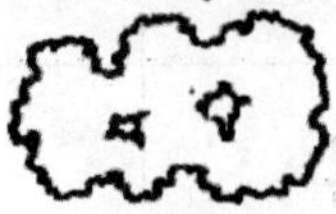	
12	落叶花灌木疏林	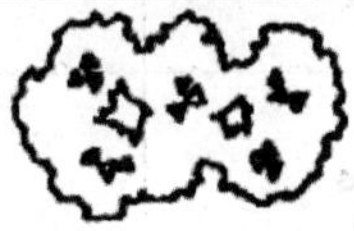	

（续表）

序号	名　称	图　例	说　明
13	常绿灌木密林		
14	常绿花灌木密林		
15	自然形绿篱		
16	整形绿篱		
17	镶边植物		
18	一二年生草本花卉		
19	多年生及宿根草本花卉		
20	一般草皮		
21	缀花草皮		
22	整形树木		
23	竹丛		
24	棕榈植物		

（续表）

序号	名　　称	图　例	说　明
25	仙人掌植物		
26	藤本植物		
27	水生植物		

参 考 文 献

[1] 中华人民共和国国家标准,房屋建筑制图统一标准,GB/T 50001-2001.

[2] 王晓俊. 风景园林设计[M]. 南京:江苏科技出版社,2008.

[3] 谷康,付喜娥. 园林制图与识图[M]. 南京:东南大学出版社,2010.

[4] 王晓婷,明毅强. 园林制图与识图[M]. 北京:中国电力出版社,2009.

[5] 钟训正,孙钟阳,王文卿. 建筑制图[M]. 江苏:东南大学出版社,2006.

[6] 胡志华,高建洪. 建筑制图[M]. 苏州:苏州大学出版社,2002.

[7] 黄晖,王云云. 园林制图[M]. 重庆:重庆大学出版社,2006.

[8] 马晓燕,卢圣. 园林制图[M]. 北京:气象出版社,1999.

[9] 彭敏,林晓新. 实用园林制图[M]. 广州:华南理工大学出版社,2001.

[10] 张淑英. 园林制图[M]. 北京:中国科学技术出版社,2003.

[11] 周静卿,孙嘉燕. 园林工程制图[M]. 北京:中国农业出版社,2003.

[12] 行淑敏,穆亚平. 园林工程制图[M]. 西安:西北工业大学出版社,1994.

[13] 高雷. 建筑配景画图集[M]. 南京:东南大学出版社,1995.

[14] 张黎明. 园林小品工程图集[M]. 北京:中国林业出版社,1989.

[15] 胡家宁,关俊良. 室内与环境艺术设计制图[M]. 北京:机械工业出版社,2005.

[16] 韩晓龙. 科学理性精神中的西方透视学[J]. 河西学院学报,2005(3):35-38.

[17] 李成君. 实用透视画技法[M]. 广州:岭南美术出版社. 2004.

[18] [美] 贡布里希. 从文字的复兴到艺术改革:尼利和布鲁内莱斯基[J]. 美术译丛,1986(3):15-18.

[19] 马连弟,刘运符. 透视学原理[M]. 长春:吉林美术出版社. 2006.

[20] 石炯. 构图与透视学——文艺复兴时期的艺术概论[J]. 新美术,2005(1):27-31.

[21] 周代红. 园林景观施工图设计[M]. 北京:中国林业出版社,2010.

[22] 马晓燕,冯丽. 园林制图速成与识图[M]. 北京:化学工业出版社,2010.

[23] 常会宁. 园林制图与识图[M]. 北京:中国农业大学出版社,2011.

[24] 李霞. 计算机辅助园林设计[M]. 北京:北京理工大学出版社,2011.

[25] 935景观工作室. 园林细部设计与构造图集[M]. 北京:化学工业出版社,2011.

[26] 黄芳,袁嫒. 园林景观工程设计与实训[M]. 桂林:广西美术出版社,2010.

[27] 王浩,谷康,高晓君. 城市休闲绿地图录[M]. 北京:中国林业出版社,1999.